山东大学

中国电建集团华东勘测设计研究院有限公司

U0181141

地下工程施工过程围岩稳定性风险评估与耐久性设计

李景龙　隋斌　屠文锋　刘宁　商成顺　著

上海科学技术出版社

内 容 提 要

　　本书系统深入地介绍了地下工程围岩稳定性风险研究现状与进展、风险评估与耐久性设计方法,阐述了地下工程围岩破坏机理与判据,提出了围岩稳定性评价与风险评估方法、地下工程施工全过程风险评估方法与流程,构建了隧道施工安全风险管理及控制系统,开展了地下工程结构耐久性设计、基于对环境损害的地下空间开挖容量评价等内容。

　　全书系统性较强,全面地分析了围岩稳定性及风险研究存在的问题及发展的方向,从基础理论、核心方法及工程应用几个层次,由浅入深地围绕围岩稳定性风险问题阐述了相关知识和工程实践经验,可供从事地下空间工程、市政工程、桥梁与隧道工程等专业的相关研究人员、设计及管理人员参考。

图书在版编目(CIP)数据

地下工程施工过程围岩稳定性风险评估与耐久性设计/
李景龙等著. -- 上海 : 上海科学技术出版社, 2023.5
　ISBN 978-7-5478-6144-8

　Ⅰ. ①地… Ⅱ. ①李… Ⅲ. ①地下工程-围岩稳定性
-风险评价②地下工程-围岩稳定性-设计 Ⅳ.
①TU94②TU457

中国国家版本馆CIP数据核字(2023)第061274号

地下工程施工过程围岩稳定性风险评估与耐久性设计
李景龙　隋　斌　屠文锋　刘　宁　商成顺　著

上海世纪出版(集团)有限公司
上 海 科 学 技 术 出 版 社　出版、发行
(上海市闵行区号景路 159 弄 A 座 9F-10F)
邮政编码 201101　　www.sstp.cn
苏州工业园区美柯乐制版印务有限责任公司印刷
开本 787×1092　1/16　印张 12.5
字数 200 千字
2023 年 5 月第 1 版　2023 年 5 月第 1 次印刷
ISBN 978-7-5478-6144-8/TV・13
定价: 85.00 元

前 言

施工过程风险评估是保证工程安全、防范重大事故的有效手段。21 世纪以来,地下空间工程建设蓬勃发展,涉及交通建设、水利水工、矿山开发多个领域。地下工程施工过程和运营期间的围岩稳定性及风险评估成为工程面临的一道必答题。本着"厚基础、宽口径"的原则,本书较为全面、系统地介绍了地下工程施工过程中围岩稳定性评估的基础理论、核心方法及相关工程应用,阐明了地下工程围岩破坏机理与判据,详细介绍了地下工程围岩稳定性评价与风险评估方法、施工全过程风险评估方法与流程,并且在第 6~8 章延伸分析了地下工程施工可能对环境造成的损害及结构耐久性问题。

本书缘起于工程安全建设需求,丰富于严谨的理论论证和成功的工程实践经验,在山东大学多年来的教学实践及工程实践经验的基础上编撰而成,可以使读者较为全面地了解、掌握地下工程施工过程围岩稳定性风险评估的相关理论知识及实操应用技巧,为从事地下工程建设的风险评估工作打下良好的基础。

本书共分 8 章,由山东大学李景龙、隋斌、屠文锋、商成顺和中国电建集团华东勘测设计研究院有限公司刘宁共同编写,全书由李景龙统稿。其中,第 1~3 章由山东大学李景龙编写,第 4~5 章由山东大学隋斌编写,第 6 章由山东大学屠文锋编写,第 7 章由商成顺编写,第 8 章由中国电建集团华东勘测设计研究院有限公司刘宁编写。

本书在编撰过程中参考了大量文献,这些著作、标准、论文等研究成果为本书的顺利完成提供了必要的基础,使笔者可以在前人的肩膀上更进一步。在此对这些成果的作者表示由衷的感谢!

　　由于时间仓促,作者水平有限,书中难免存在不足之处,敬请读者批评、指正。

作者

2023 年 2 月

C*ontents*

目　录

第 1 章

地下工程风险评估及稳定性研究现状

　　我国是一个多山的国家,山地和丘陵占国土面积的三分之二左右,同时也是一个人多地少的国家,土地资源人均占有率低,且随着经济发展,城市浅部资源也日益枯竭。为满足社会与经济发展日益增长的需求,拓展空间资源,在进一步开发空中资源的同时,大力开发利用地下空间资源尤其是深部空间资源,是社会发展的必然趋势[1]。

　　现阶段,我国的大型地下工程主要集中在与人民生活息息相关的交通建设和能源方面[2]。随着铁路建设重点西移及公路建设大力发展高等级公路和完善中西部公路网,我国道路修建中规划了大量的长大、高难度铁路隧道和公路隧道,许多隧道穿越地段地质条件十分复杂,经多种手段测试,施工时有高地应力、岩爆、地垫、断裂带涌水、围岩失稳等不良地质灾害发生[3]。在水电工程方面,以西北、西南地区的大型水电站和华东、华北、华南、东北等地的高水头抽水蓄能电站为建设重点。这些水电工程将面临深埋长隧道、高水头隧道、大断面地下厂房、不良地质条件等一系列难点。例如,锦屏二级水电站引水隧道长达18.8 km,洞径达11 m,埋深 2 600 m;金沙江溪洛渡水电站地下厂房设计的最大跨度将达到 30 m,高度为 75 m,最大埋深 700 m,导流疏洞断面达 450 m²。这些水电站的规模远远超出了现行规范的应用范围。据不完全统计,近 5 年来,水工地下洞室的数量和规模都成倍增长[4],又兴起了在城市建设方面广泛地应用地下空间[5]。地下空间具有噪声低、无大气污染、抗多种灾害能力强等特点,因此开发利用城市地下空间可以创造出比地面更有效的空间资源。在能源储存方面,实施国家战略能源储存是我国国民经济可持续发展的重要保障。深部能源战略储存也是我国必须开展,同时又富有挑战性的综合性研究课题,其中深部地下空间开挖稳定性评估和可靠性研究是该研究课题的核心内容。

　　由于问题的复杂性,至今对大型洞群稳定性大多还只能逐个的具体研究,国内外还找不到一种系统的稳定性评估方法,目前都是凭经验和用工程类比法来决定。因此,这类工程的稳定性评价问题是地下工程研究的重点课题。风险的概念包括两个重要组成部分,即风险事件发生的可能性及事件潜在的风险损失。这个对"风险"的解释为工程风险管理研究指出了风险的本质内涵[6]。在我国所进行的大型土木工程建设中,尚只有核电站、隧道和石油钻井平台等进行风险评估,对于大型地下洞室群来说几乎是一片空白。为了避免在施工和运营期间出现严重事故或灾难性事故,应从工程项目初步设计阶段开始对整个工程的设计、施工、运营进行风险评估,将风险控制在可以接受的范围之内,这显得非常必要。本书通过国内外大量文献研究,分析了国内外稳定性风险研究进展、现状及风险分析在岩石地下工程中的应用,介绍了风险的基本概念,深入讨论各种分析方法,研究了稳定性及风险研究存在的问题及发展方向。

1.1   风险评估理论研究现状

隧道、地下洞室群或其他地下工程作为地下空间工程的主要土木工程,其建设和运营中都存在大量不确定性因素,由于这些风险因素的存在,工程施工和运营中可能发生各类风险事故,一旦发生事故,就可能造成重大人员伤亡和灾难性经济损失,而且会对周围环境和社会造成恶劣的影响。而当掌握了可以引发工程风险的因素后,采取何种正确的方法计算出这些因素会引起地下工程安全事故的可能性变成为必要的。对于地下洞室群工程,本书将风险定义为:在洞室群工程正常施工、运行过程中,如果某种因素的存在足以导致承险体系统发生各类直接或间接损失的可能性,那么就称存在风险,而风险所引发的后果就称为风险事故。风险虽然具有不确定性,但其本身还是有一定规律的,是可以被认识的。

目前,风险分析的基本方法主要有两方面,一方面是借鉴工程行业以外已经发展的评估方法,应用一种或几种方法对工程系统或工程的某一部分进行风险估计,得出风险值的大小排序,然后进行风险响应措施的决策,如风险指数、风险矩阵、故障树分析法、决策树分析法、Monte-Carlo 法、层次分析法、等风险图法、贝叶斯网络、模糊评价法、影响图、进度计划评审技术等。另一方面主要是针对隧道与地下工程中大量的成本超支现象,将风险与工程造价联系起来进行的成本估计模型的研究,如 Multrisk、TCM、DAT 和 CEVP 等。这些工程的风险分析的方法,不仅有定性的方面,也有定量的方面,而定性方法和定量方法各有优缺点。目前的风险分析不仅是依靠历史数据和数学公式,还要靠直观能力和远见卓识的判断,在应用时,两种方法应紧密联系、相辅相成。

随着社会主义市场经济体制的完善,对风险管理的研究开始在工程项目、国际工程、金融、房地产等领域逐步开展应用研究,取得了较为明显的效果。并以三峡工程为代表,在大型水利工程首先获得应用,取得了一定的基础性资料。天津大学于九如教授结合三峡工程风险分析成果,撰写了《投资项目风险分析》一书,为风险分析理论在大型工程中应用做了理论上的探讨。近年来,我国风险管理理论研究重点也已经转移到风险定量分析上来,并取得了不少的成果。姜青舫在《风险度量原理》[7]一书中,对风险的定义提出了新的数学描述,结合效用理论用数学的方法给出了风险度量的理论方法。邱菀华提出将热力学中"熵"的概念引入风险评价和决策中来,为评价目标的不确定性提供了一种验证的手段[8]。

1.2 隧道工程领域风险评估研究现状

风险分析在工程项目上的应用研究相对于风险管理的理论研究,进展有些缓慢。在隧道工程方面,虽然自 20 世纪 70 年代以后,隧道工程风险分析的研究也取得了一定的成果,但多以理念的建立和定性的研究为主,而定量的研究往往止步于可靠度的计算,如何进一步地达到技术与经济指标的结合,目前的成果不是特别多。

隧道工程风险分析的代表人物是美国的 Einstein H. H.,其曾撰写多篇有价值的文献,主要贡献是指出了隧道工程风险分析的特点和应遵循的理念,如 *Geological model for tunnel cost model*、*Risk and risk analysis in rock engineering*、*Decision Aids in Tunneling* 等。在 Einstein 研究的基础上,剑桥大学的 Salazar G. F. 1983 年在博士论文《隧道设计和建设中的不确定性以及经济评估的实用性研究》中,将不确定性的影响和工程造价联系起来。G. Narayanan 指出了风险分析在降低软土隧道造价中的作用。J. Reilly 于 2000年提出了"隧道工程的建设过程就是全面的风险管理和风险分担的过程"[9-10],将地下隧道工程中的主要风险分为四类:造成人员受伤或死亡、财产和经济损失的风险;造成项目造价增加的风险;造成工期延误的风险;造成不能满足设计、使用要求的风险。在堤防方面,早在 1991 年 Vrouwenvelder 等就提出在防洪系统中要考虑荷载和抗力的不确定性进行概率分析。这一观点受到了极大的关注,随后 Wolff 等就对概率分析方法与其在实践应用中所存在的差距进行了探讨;Van der Meer 等在前人研究的基础上综合考虑了水力边界条件、堤顶高程的不确定性、堤防的维修成本、洪水造成的损失及其发生概率等因素对堤防工程进行了风险分析[11-12]。

除此之外,国外学者对隧道工程的风险分析应用方面也做了一定的研究工作。Shortreed 和 John 在考虑投资、工期和工程质量的前提下研究了阿姆斯特丹南北地铁线路设计和施工中的风险管理问题,提出了"IPB"风险管理模式[13]。R. Sturk 等将风险分析技术应用于斯德哥尔摩环形公路隧道,得到了一些规律性的结论[14],B. Nilsen 等的论文对复杂底层条件地区的海底隧道的风险进行相对深入的研究。国际隧协委员 Heinz Duddeck(1996)对穿越海峡的隧道、穿越阿尔卑斯山的隧道如何进行风险评估进行了探讨[15]。另外,日本在隧道工程的事故统计方面做了大量细致的工作[16]。国际隧协也在 2002 年 10 月由 Soren Degn Eskesen 和 Per Tengborg 等撰写了 *Guidelines for Tunnelling Risk Management*,为隧道工程(以岩石隧道为主)的风险管理提供了一整套参照标准和方法。

1.3   地下工程风险评估研究现状

由于我国的地下工程研究和实践时间都比较短,因而对地下工程的风险评估分析的研究还处于发展阶段,风险评估分析在地下工程中的应用研究还比较少。

上海隧道设计研究院的范益群博士以可靠度理论为基础,提出了地下结构的抗风险设计概念,计算出基坑、隧道等地下结构风险发生的概率及定性评价风险造成的损失,并提出改进的层次分析方法。香港的 L. Mcfeat-Smith(2000)提出了亚洲复杂地质条件下隧道工程的风险评估模式,根据发生频率的高低将风险分为五级,根据风险发生影响后果也将风险分为五级。台湾的游步上、沈劲利(2003)应用多属性效用理论(multiple attributes utility theory),从施工单位的角度,对隧道工程风险管理的决策程序做了完整的探讨。金丰年[17]利用 Monte-Carlo 法对围岩稳定性及其支护的可靠度进行了分析,在对围岩及其支护进行确定性分析的基础上,导出了围岩稳定、锚喷支护及二次混凝土支护的可靠度计算方法。该方法仅适用于均质岩体的深埋的圆形洞室,仅仅使用 Monte-Carlo 方法计算工作量较大。朱永全提出的隧道支护结构稳定可靠性分析方法,以支护变形为依据和基础,结合荷载分析,对洞室进行位移稳定可靠性分析。该法既可使用于常规矿山法施工的"荷载-结构"分析,也可使用于新奥法修建的隧道支护结构的可靠性分析。刘东升在其博士论文中视地下洞室围岩为随机不确定系统,通过引入单元屈服的可靠度判据,计算出了在不同目标可靠度情况下的围岩概率塑性区和相应的体系可靠度。而以同济大学为主进行的沪崇通道的风险评估项目更是为这一学科的发展提供了新的贡献。整个沪崇通道的风险评估研究共提交了 17 个专题报告,涉及工程建设的各个方面,包括前期选线、施工风险管理、环境保护、运营事故控制及财务分析等,可以说是国内风险分析技术应用在隧道工程上的第一个大型项目。但总体来说,目前关于隧道工程的风险研究还不太完善,还基本停留在定性分析或半定量分析阶段,仍然需要做大量的工作。同济大学丁士昭教授(1992)对广州地铁首期工程、上海地铁 1 号线工程[18]等地铁建设中的风险和保险模式进行了研究;陈龙(2004)在其博士论文中提出了风险值与风险指标两个评价指标,并给出了计算方法和评价标准。他通过专家调查法得到软土地区盾构隧道施工期主要风险事故的发生概率及损失,给出了耐久性损失、工期损失、直接费用损失、环境影响损失等四大损失风险的概率分布曲线。李惠强、仲景冰和毛金萍等用事故树对深基坑支护结构方案进行了风险分析;姚翠生对流砂地区深基坑工程的施工风险进行了分析。

1.4　地下工程稳定性研究现状

洞室稳定一般指洞室周边变形速率呈递减趋势并逐渐趋近于零,其最终位移不侵入限界,支护结构不出现影响正常使用的裂缝和破损,更不能发生大范围的坍塌,而洞室稳定性是指支护系统稳定的程度。稳定性是地下结构的功能要求之一,它既包括系统的安全性,又包括系统的耐久性和良好的正常工作性。

围岩安全是地下工程建设的核心问题。工程类比、计算分析、模型研究及现场监测是地下工程围岩安全性研究的主要方法。在实际应用时,通常会运用多种方法进行围岩安全性分析。对于弹性、黏弹性及弹塑性介质中圆形洞室的封闭解和椭圆形洞室的弹性理论解已用解析的方法求得,可直接运用到工程实际之中。对于其他形状(如矩形、马蹄形等)洞室,可通过复变函数法求取近似解[19]。钱伯勤(1990)推导出单孔无限域应力函数的通式,范广勤等(1993)应用三个绝对收敛级数相乘法求解非圆形洞室的外域映射函数,吕爱钟(1995)提出了应用最优化技术求解任意截面形状巷道映射函数的新方法,朱大勇等(1999)

提出了一种新的可以求解任意形状洞室映射函数的计算方法,并将其用于复杂形状洞室围岩应力的弹性解析分析。解析分析法可以解决的实际工程问题十分有限。但是,通过对解析方法及其结果的分析,往往可以获得一些规律性的认识,这是非常重要和有益的。

地下工程洞室的围岩是一个包含有各种复杂因素共同作用的模糊系统,具有很多不确定条件,用常规的力学方法难以描述围岩与支护的力学特征和变化势态。围岩稳定性的现场监测主要包括围岩的位移、应变、应力、渗压、渗水量及声发射等,以及支护的应力、应变等。通过变形监测,建立围岩的位移标准,及允许变形值。我国《岩土锚杆与喷射混凝土支护工程技术规范》(GB 50086—2015)便提出以洞周相对收敛量作为判断围岩稳定的判据之一,多个大型工程,如十三陵抽水蓄能电站、大朝山、小浪底等水利枢纽的地下洞室工程,都以收敛量作为稳定判别标准。根据此围岩变形和支护应力监测资料建立围岩与支护两者的特征曲线,可以用来分析评价洞室的稳定性及支护效果。我国乌江东风水电站地下厂房经过 4 年半的围岩监测,主厂房经三次调整,锚固总量减少了30％以上。

地下洞室围岩稳定性研究的模型试验方法主要有光弹模型试验和地质力学模型试验。我国曾针对鲁布革水电站地下工程进行了三维光弹性均质材料模型围岩应力分析[20]。地质力学模型试验是 20 世纪 60 年代中后期意大利结构及模型试验研究所提出的,用来研究岩体变形破坏机制和结构的整体稳定问题的模型试验技术。国内外多名学者都对大型地下工程的模型试验做过不少工作[17],如 Kim S. H.(1998)、赵震英(1990)、杨存奋等(1990)、梁克读等(1992)、谢漠文等(1995)、杨法玉等(1995)、郭舜年(1997)、李仲奎(2002)、沈泰(2001)。目前,水电站地下洞室模型试验成果已由定性分析进入定量分析阶段,成为围岩安全性分析评价的重要方法之一[21]。

近年来,智能科学,如专家系统、神经网络、遗传进化算法、模糊逻辑推理及综合集成等方法的引入,也为极其复杂的地下洞室工程围岩稳定性研究开辟新的方向。冯夏庭等[22-23]应用人工智能、神经网络等新兴学科理论,提出地下工程力学综合集成智能的分析方法;熊燕斌等(2000)基于专家系统,结合地下工程围岩的复杂性和不确定性,重点研究了地下工程专家系统的不确定性推理模型和知识库的实现和管理,开发了地下工程围岩稳定及支护专家系统 SSRUE-1,实现了围岩稳定判断和支护方案选取的智能化;安红刚等(2001)通过对大型地下洞室群稳定性进行智能优化方法研究,将遗传进化算法、神经网络和并行计算等智能岩石力学理论引入岩体施工优化领域,建立了大型地下洞室群施工开挖顺序、支护加固的智能全局优化方法[24-25]。

目前,对地下工程的风险分析主要集中在地铁、公路隧道等常见地下岩石工程中,在地下岩石洞室厂房类工程的应用几乎没有。而在各水利水电工程的大型地下厂房的建设期和运营期,迫切需要对地下工程安全问题的发生机理、安全监测(检测)与监控理论及技术、风险分析技术、灾害预测预报技术、应急处理决策支持技术进行深入系统研究。在风险分析方法方面,其侧重点已从寻找科学途径转移到使用现成方法计算和评估风险程度的工作上来。针对地下工程的特点,"半定性半定量"的方法仍然是适合的,既要重视大量的工程经验,又要依靠科学。

1.5　地下工程结构设计研究现状

地下结构具有设计标准高、建设周期长、施工困难多、投资额巨大等特点,加上地下空间资源是不可再生资源,一旦被开发将无法恢复到以前的状态,因此地下结构的耐久性对城市的长期建设影响很大。所以,研究如何降低环境对地下结构的损害,延长地下结构的使用年限,提高地下结构的耐久性,是地下结构抗损害设计不可忽视的研究内容。

所谓结构的耐久性,就是指结构在正常设计、正常施工、正常使用和正常维护条件下,在规定的时间内,由于结构构件性能随时间的劣化,但仍能满足预定功能的能力;结构耐久性还可定义为结构在化学的、生物的或其他不利因素的作用下,在预定的时间内,其材料性能的恶化不致导致结构出现不可接受的失效概率;或指结构在要求的目标使用期内,不需要花费大量资金加固处理而能保证其安全性和适用性的能力。地下结构从属于结构,地下结构的耐久性设计也应满足上述要求。

1824年,随着波特兰水泥(硅酸盐水泥)的问世,人们便开始了用水泥建造建筑物的历史,同时,混凝土结构的耐久性问题也随之出现。早期建筑物混凝土的耐久性问题主要集中在海上建筑物的混凝土的腐蚀情况。20世纪20年代初,随着结构计算理论及施工技术水平的相对成熟,钢筋混凝土结构开始被大规模采用,应用的领域也越来越广阔,因此许多新的耐久性损伤类型逐渐出现,这直接促使人们必须有针对性地进行研究。地下结构的支护材料仍然以混凝土和钢筋混凝土为主,因此地下结构的耐久性设计主要还是研究两者在地质环境中的耐久性。

迄今,混凝土及钢筋混凝土仍是世界上使用最广泛的建筑材料之一,许多与人民生活和工农业生产有关的结构物都是用混凝土或钢筋混凝土建造的。但这些结构长期暴露在恶劣的环境中,外部腐蚀介质的影响往往使结构的使用寿命未达预期,建筑物在长期使用过程中,在内部的或外部的、人为的或自然的因素作用下,随着时间的推移,将发生材料老化与结构损伤,这是一个不可逆的过程,这种损伤的累积将导致结构性能劣化、承载力下降、耐久性能降低。混凝土及钢筋混凝土结构由于耐久性不足而造成的后果有时相当严重,经济损失大。例如,英国英格兰岛中部环形快车道 11 座混凝土高架桥,当初的建造费是 2 800 万英镑,至 1989 年因维修而耗资 4 500 万英镑,是当初造价的 1.6 倍[26]。美国标准局(NBS)1975 年的调查表明:美国全年因各种腐蚀造成的损失超过 700 亿美元,其中混凝土中钢筋锈蚀造成的损失约占 40%[27];在美国州际公路网 56 万座桥中,处于严重失效的就有 9 万座,仅 1969 年一年用于修复因钢筋锈蚀而损坏公路桥耗费的费用高达 26 亿美元,1978 年增至 63 亿美元。

在我国的工业与民用建筑中,混凝土和钢筋混凝土结构占有相当的比例,由于混凝土碳化和钢筋锈蚀引起的结构破坏问题非常严重。据 1979 年的调查,已有 36% 的建筑物需要大修,一般的冶金、化工等工业建筑,其安全使用期一般为 15~20 年,而经常处于高温、高湿条件下的工业建筑,其安全使用期仅为 5~7 年。近年来的工程调查表明,钢筋锈蚀已成为导致我国钢筋混凝土结构耐久性失效的主要原因之一。例如,青岛市一座大楼 3 年内因楼盖钢筋严重锈蚀导致结构失效,16 层楼盖全部拆除[28];北京某旅馆使用 2 年,钢筋混凝土柱的纵向钢筋与箍筋均已锈蚀,箍筋截面损失率高达 25%,最严重处箍筋断裂、保护层剥落[27];1981 年交通部第四航务工程局等对华南地区使用 7~25 年的 18 座海港码头的调查资料表明,在海溅区,梁、板底部钢筋普遍严重锈蚀,引起破坏的占 89%(16 座),其中有几座已不能正常使用[28]。

地下结构的耐久性相对于地下结构设计发展起步较晚,成果用于指导工程实践并付诸实施的尚少,但对混凝土结构耐久性的研究已是科研人员关注的重要领域。在开展耐久性设计研究方面,地面结构如码头、房建、桥梁等的耐久性研究 20 世纪六七十年代已经开始,而地下结构的耐久性研究还鲜见相关文章发表。以往人们普遍认为,混凝土或钢筋混凝土地下结构衬砌不会自然损坏和失效,能够满足 50 年或更长使用年限的要求,但在近些年来,这种观念已逐渐发生变化。我国在 20 世纪 50 年代修建的宝成铁路及在 60 年代修建的成昆铁路，部分隧道均出现过不同程度的耐久性损伤，需要部分维修或改建。尤其是近些年来大型地下工程建设的增多，一次性建设资金投入巨大，且维修或改建都较困难，由此对耐久性提出了更高的要求。因此，以往按设计基准期 50 年设计已不能满足要求，隧道按设计基准期为 100 年或更长的时间已势在必行[《铁路隧道设计规范》(TB 10003—2016)已经规定铁路隧道按 100 年的标准设计]。目前我国没有混凝土结构耐久性设计的标准，《铁路隧道设计规范》有关耐久性的要求只反映在规定最低混凝土强度等级和最小保护层厚度，对材料的抗蚀性、抗冻性及抗渗性等也仅有笼统的一般性规定，有关的工程验收标准只侧重于保证混凝土强度，对水灰比及水泥用量等规定较松，施工人员经常凭经验估计，因而造成混凝土强度值过于离散，由此既浪费了原材料，又降低了结构耐久性，因此对地下结构耐久性的研究已是箭在弦上[29]。

1.6　地下工程与环境的相互作用研究现状

21 世纪，人类面临着人口、粮食、资源和环境的四大挑战，环视当今世界，人口增加、资源剧耗、耕地和森林锐减、土地退化、沙漠扩大、温室效应、酸雨危害、环境污染等一系列环境问题制约着世界经济的发展，更是我国经济发展所面临的突出问题。我国每年由于环境污染和生态破坏造成的损失超过 2 000 亿元。在这种严峻的形势下，我国将"可持续发展"作为国策，尤其是在城市人口日益增长及地面建筑和设施的建设水平达到饱和以后，人们把拓展城市的眼光转向了高层和地下。与高层建筑相比，地下建筑及其功能在城市可持续发展方面有不可替代的优越性。作为环境友好工程，地下工程的建设和作用对保护环境、改善环境已经发挥并将更加发挥重要作用，成为可持续发展的重要措施。而地下空间开发利用容量决定了地下空间的开发利用模式、尺寸和可持续性，适度、合理、科学地开发利用地下空间资源，是可持续发展的重要保障。

本书所要建立的地下洞室群工程风险评估系统，首先是要对工程中存在的各种风险因素进行识别，在识别的基础上，分析风险因素发生的可能性、风险水平、后果影响及后果暴露的程度，根据一定的风险接受准则，对风险进行排序和决策，最后进行风险控制，提出规避风险的对策和措施，以便有效控制工程风险和妥善处理风险所致损失和后果，期望以最小的成本达到最大的安全保障。

　　综上，本书将针对地下工程施工过程围岩稳定性的风险评估，从基础理论、核心方法及工程应用几个层次，由浅入深地围绕围岩稳定性风险问题系统地阐述相关知识和工程实践经验，从而为相关领域读者提供参考。

第 2 章

hapter 2

地下工程事故机理、因素及围岩稳定性判据

在进行风险辨识之前,首先要研究地下岩石洞室中发生安全事故的机理,弄清哪些因素会导致安全事故的发生。辨识出风险因素后,要对洞室围岩的稳定性判断给出合理的、易操作的判据,以便在围岩稳定性评价中作为依据;然后借助已有方法对工程进行风险分析,综合失稳概率、后果、后果暴露程度及人的主观因素对工程整体进行风险评估,最后提出相应的风险控制措施。图 2-1所示为地下工程风险评估系统。

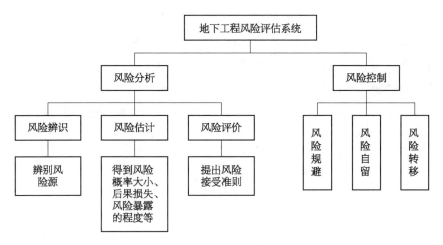

图 2-1 地下洞室群工程风险评估系统示意

风险识别,即确定工程中可能存在的风险及其可能造成的影响,它是地下工程风险分析的基础。多数情况下,隧道工程风险并非显而易见,有时甚至很难准确预测。对地下工程进行风险识别,首先要预测可能面临的危险,本书中涉及的风险主要是指工程方面,由于地质原因、设计缺陷、施工工艺或技术不善引起的事故,或者是原材料缺陷引起的事故;其次要对总体风险因素进行分析,

在风险识别过程中,根据风险现象逐步分析,直至找到风险源;最后对主要风险因素的组成和其影响程度做风险状态分析。

2.1   地下工程破坏机理

地下工程特别是地铁、道路隧道或水电站地下洞室群等,都具有投资大、施工周期长、施工项目多、施工技术复杂、不可预见风险因素多和对社会环境影响大等特点,是一种高风险建设工程项目。地下工程的安全事故主要来自两个方面:一是内部因素,如工程的地质条件、岩石力学参数、断层等特殊地质形态的分布等;二是外部因素,如工程的施工工法、隧道的几何尺寸、布置形式等。其中,起主要作用的还是岩石的性质、岩体结构等地质因素。

围岩稳定性对地下工程的顺利施工和安全运营起着至关重要的作用,因此分析和研究围岩变形破坏机制和围岩稳定性的影响因素,采取正确合理的方法对隧道围岩进行稳定性评价,对于隧道、地下厂房等地下工程的建设和运营有重大指导意义。

地下工程开挖后,适应不了卸荷回弹和应力重分布作用的低强度围岩将发生塑性变形和破坏,这种变形和破坏通常从洞室岩体中应力集中程度高、结构面强度低的最薄弱部位开始,特别是最大主地应力洞室周边垂直部位,逐步向岩体内部应力-强度关系中的次薄弱部位发展,最终引起隧道洞室周围形成松动带或松动圈,围岩的应力进而因松动圈的应力释放而重新调整,在围岩表部形成应力降低区,而高应力集中则向围岩内部转移,其结果是在围岩内形成一定的应力分带(图2-2)[29-30]。

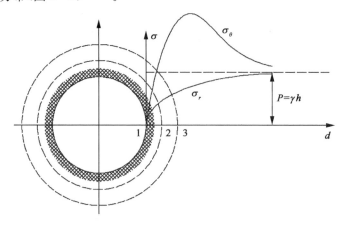

图 2-2   圆形洞室周围应力分布

依据岩体力学和工程地质理论,通过对隧道围岩变形破坏的主导因素和作用力(临空围岩的自重力、地应力及动水压力等)的分析,将围岩变形破坏机制归纳为四种类型:

(1)结构面控制型。岩石强度大大超过围岩承受的应力时,围岩的变形破坏主要受结构面(尤其软弱结构面)控制,通常在重力作用下岩块沿着软弱结构面塌滑破坏,一般不会发生塑性流动变形或脆性破裂。例如,在2、3区的应力场中,在应力高度集中且有斜向断裂发育的部位,位于断裂带内的结构面由于切向应力过大,径向应力却很小,使沿断裂面的剪应力超过其抗剪强度而引起剪切滑移破坏。

结构面控制型围岩的变形破坏在块状和层状的硬质岩体主要表现为不稳定块体的直接塌落和滑移,如图2-3所示,在碎裂和散体结构岩体中变形破坏的主要方式是松弛、松脱,乃至崩溃。

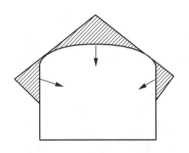
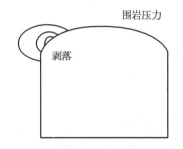

图 2-3　不稳定块体的塌滑破坏　　　图 2-4　围岩压力较大的剥落破坏

(2)强度-应力控制型。围岩整体性较好,但岩石强度低于围岩应力,不仅发生脆性围岩的弯折内鼓,还发生塑性围岩的塑性挤出,这类围岩的变形破坏主要取决于岩石的抗弯或抗剪拉强度。例如,隧道顶拱的厚层状或块体状脆性围岩,当顶部拉应力集中超过围岩的抗拉强度时,在裂隙特别是垂直裂隙发育时,即使很小的拉应力也使岩体产生张性裂隙,被垂直裂隙切割成的岩体在自重作用下很不稳定,往往造成顶拱的塌落。此外,还有塑性岩体的塑性流动变形和脆性岩体的剥落,如图2-4所示。岩爆也是这类变形破坏的典型。

(3)混合类型。围岩结构面发育,岩石强度低于围岩应力,围岩稳定性不仅受结构面控制,而且受地应力和岩体强度的制约。围岩的变形破坏除发生松弛、塌落外,还发生塑性流动和剪切、挤出,隧道内常表现为侧墙的内挤和拱底的上鼓,这类变形破坏主要发生在薄层状、碎裂结构的岩体中。例如,层状软岩的弯曲变形、折断破坏和碎裂围岩的挤出变形和解体溃散。

（4）特殊类型。围岩的变形破坏既不受弱面控制型的影响，又不受应力强度型的制约，而是由于隧道开挖后，围岩表部应力降低区的形成促使水分由内部高应力地区向围岩表部低应力地区转移，这种围岩内部的水分重分布使围岩表部易吸水膨胀的岩层发生强烈的内鼓变形。

依据岩性的软弱或坚硬、岩体结构面及其组合情况、初始应力大小和方向，可以形成各种围岩变形破坏类型，即多种围岩失稳形式，一般有四类常见的围岩失稳破坏形式[31-32]：

（1）岩石块体错动、滑移和崩塌，主要发生在岩体较坚硬，同时又为断层、裂隙等弱面交叉切割的情况。

（2）顶拱塌落。在十分破碎、松软、初始应力不大的岩体中，洞室顶板会塌下来形成一个自身稳定的新的拱形洞顶——自然拱，多发生于穿过风化带或软弱夹层的洞段或厂房进出口段。

（3）岩体脆性开裂。这种破坏往往发生在围岩很坚硬、弱面较少且不发育的情况。当地下洞室较多，相互交错重叠，次生应力状态非常复杂，在洞的交叉转角处或相邻洞室的岩壁或岩柱上，应力高度集中，就会有平行、成组的裂缝产生。

（4）岩爆。在岩性十分坚硬并具脆性、岩体很完整、初始应力很大的条件下，洞室施工中会有岩爆发生。由于围岩应力高度集中，积聚了大量弹性应变能，遇到某种偶然刺激因素——所谓扳机效应，平衡破坏了，弹性应变能急剧释放造成的破坏现象，于是就形成了岩爆。

以上这些仅是单个洞室的情况，在多条洞室，乃至洞室群的条件下，相邻洞室间的塑性区相互连接，洞室交叉处岩体次生应力非常复杂，一些部位应力高度集中，由此产生多种多样的变形、破坏形式。例如，因几条洞相交形成的岩柱四面临空，是一种对岩体稳定最不利的单轴应力状态。洞的交叉转角处或相邻洞室的岩壁或岩柱上，其应力高度集中，会产生平行、成组的裂缝。

2.2　地下工程的不确定性及围岩稳定性影响因素

与一般的地表工程相比，地下岩体工程具有许多不同的特点。

（1）地下岩体工程的作用对象是经过长期地质作用的地下岩体，具有层面、节理、裂隙、断层和其他结构构造特征，其性质参数随空间和时间的变异一般都很大。有些性质由于受地下工作场地的限制，如岩体中的裂隙特征，其参数很难或不可能完全统计,有时难以捉摸。

(2) 一般岩土都是高度非线性材料,在不同应力水平下具有很不相同的变形特性,相应的极限状态方程的非线性也十分显著。

(3) 地下岩体工程的规模和尺寸比一般结构工程巨大,进行大范围的分析,岩土特性随空间的变异性应该加以考虑。

(4) 地下岩体工程是一个开挖与充填问题,影响地下采矿结构稳定的因素有两个:固体力学所探讨的材料因素和工程(施工)因素,而且后者的重要性往往大于前者。开挖与充填的过程和顺序不同就具有不同的应力-应变历史变化过程和不同的最终力学效应。

在长期的工程实践中,人们认识到岩体是地质体的一部分,这种地质体中存在大量的结构面,如节理、裂隙、断层等,因而具有非常复杂的力学特性,这与岩体的成岩过程、地质赋存环境和工程活动密切相关。因此,它涉及的工程地质条件及岩体性质参数是复杂的、多变的、模糊的、随机的。岩体工程中的不确定性主要来自三个方面:① 岩体本身固有的不均匀性;② 统计所带来的不确定性;③ 模型不准确引起的不确定性。

2.2.1　地下工程的不确定性影响因素

2.2.1.1　岩体材料本身的不均匀性

岩体作为岩石工程(地下工程、采矿工程等)的工程介质与其他材料介质的最根本区别是其性质和结构的不均匀性,由于客观条件的限制,人们难以对岩体性质和几何参数进行系统的确定性表述,具体表现在以下几个方面。

1) 岩体力学性质的非确定性

材料参数包括材料热学参数和力学参数,对于有明显变异性的参数,如沿用传统方法简单地以一个确定值(相当于随机变量的均值)来描述某一材料参数,计算结果较难反映实际情况。岩体是非均质的各向异性体,各点间的性质往往有较大差异,同一试样在相同试验条件下测定其强度,结果也表现出一定的离散性。

由于岩体是三维空间实体,在进行取样时,无法在精确的同一点获得多于一块的试样,只能在别的位置再获得试样,这样统计出的岩体性质变异性结果中更大程度上包含有空间变异性的成分。研究发现,岩石的很多力学性质,如单轴抗压强度等,并非像传统定值分析法所采用的那样是确定的一个值,而是呈一定的概率分布。

2) 岩体中裂隙分布的不确定性

由于成因及后期地质构造运动等作用,岩体中存在大量结构面,对于小结构面(也称裂隙或节理)而言,由于其数量、密度都较大,无法定量描述,且其空间分布具有明显的随机性,目前的工程勘探无法确定它们的精确空间分布状态,而只能借助统计数学加以描述和分析。Hudson 和 Priest 等对岩体节理面几何参数的统计特征进行了详细的分析研究,利用测线法可以确定某组节理面倾角、倾向、间距、迹长和隙宽的概率密度分布形式和相应的统计参数(均值和方差)。

大量的实际工作经验表明,节理面倾角和倾向大多符合均匀或正态分布规律,而迹长和隙宽则大多符合负指数或对数正态分布规律。表 2-1 为某实例节理面几何参数。

表 2-1　某两组节理面几何参数

节理	倾　向			倾角/(°)			间距/m			迹长/m		
	概型	均值	标准差	概型	均值	标准差	概型	均值	标准差	概型	均值	标准差
Ja	正态	90	5.0	均匀	30	6.0	对数正态	1.5	0.7	对数正态	2.0	0.5
Jb	均匀	90	5.0	正态	60	8.0	负指数	1.0	1.0	对数正态	3.25	0.87

正是由于岩体中裂隙分布存在不确定性,岩石与岩体的性质参数大相径庭,岩石与岩体性质参数之间的转换关系至今仍没有得到解决[33]。

2.2.1.2　模拟模型不准确引起的不确定性

由于岩体工程的复杂性和分析判断能力的局限性,在实际工程应用中难以精确地判断和预计岩体的力学效应和破坏机理。为了能够实现量化计算,不得不对复杂的地下岩体工程破坏机理、模式及其环境条件等做出某些简化和假设,给出一些确切的函数关系,以此作为一切计算、分析和评价的基础。计算和设计背后的简化的假定条件就引入了不确定性,即基本变量的不确定性和模型本身的不确定性。

模拟条件和原型条件的差异必然导致结果的不确定性,致使目前许多物理模型试验结果和数值模拟结果仅用来进行机制分析或趋势分析,而难以为生产实际提供确定性的数据。无论采用何种本构理论和强度准则,都不能绝对准确反映材料的本构关系和破坏特性。

2.2.1.3　荷载不确定性

地下岩体工程的结构所受的载荷是多种多样的,同时也具有不确定性,如岩石容重、地应力、地下水、地震、爆破震动、降雨等,这些载荷很难用确定性指标描述,它们都是随机变量,并且其分布的类型和特征往往又导致开挖岩体表现出的性质不确定性。比如,房柱采矿法中的矿柱,所受爆破震动作用,与爆破源的距离、所装炸药的数量和种类、传播介质等都有关系,具有不确定性。实际上,将爆破载荷假设成随机变量模型还不够,应该模拟成随机过程模型。

2.2.1.4　描述方法的局限带来的不确定性

描述不确定性的客观方法主要使用古典频率统计方法,这无疑会受很多因素的影响。由于工程地质中对岩组划分的模糊性及取样测试带来的随机性等原因,岩土力学参数的不确定性也包括随机性和模糊性,是随机模糊变量。许多学者对岩体力学参数随机模糊概率分布模型、随机模糊性等进行了研究,得出了一些有益的结论,但是仍难以确定合适的模糊概率模型及其参数[34-35]。

因为信息量的限制,在多数岩土工程中,要准确地进行信息收集和不确定辨识是不可能的。但对岩体存在的破坏特征和功能影响,可利用有些基于经验的指标与功能概率之间的主观关系,估计不确定性可靠度,如破坏存在的概率等。很多情况必须采用多种手段弥补信息的不足,如利用同类相似工程或文献资料类比扩充母体样本容量及专家经验方法等[24],参照其他相似条件下的同类工程确定变异系数[36]。

影响围岩安全性的因素众多,基本上可分为两类,即地质因素和工程因素。而围岩安全性问题主要是围岩岩体强度与围岩应力间的力学矛盾问题,因此,以上所述的两大因素都是通过影响这一矛盾及其发展来控制围岩安全性的。

广义上反映围岩安全性的地质因素分为沉积因素、构造因素和赋存环境因素等方面,主要包括岩性、结构面及其组合特征、地下水、地应力条件等。这些因素都是客观存在的,其决定了地下洞室所处的地质环境及洞室围岩的质量[37]。

工程因素主要指地下洞室的几何尺寸,洞群或单洞及其布局关系、规模、施工方法、支护形式及施工过程。它主要通过影响围岩中重分布应力状态及变形分布等,进而影响围岩的稳定性。

2.2.2　地下工程围岩稳定影响因素

2.2.2.1　岩体质量及地质结构

岩体的物理性质主要有矿物组成及成分、结构特性、岩石成因及其相关的性质等。例如,火成岩往往强度高,变形小;而沉积岩则与其层厚和胶结物的力学特性相关;石灰岩常含有溶洞;某些薄层沉积岩会产生围岩剧烈变形问题;岩盐或泥质沉积岩有蠕变问题;等等。

地下洞室的失稳主要是由于在开挖过程中,岩体的应力重分布使围岩应力超过岩体强度或岩体发生过大变形而造成的,因此,岩体的力学性质影响很大。这些力学性质包括岩体的变形性质、强度性质。岩体还有塑性、流变性等对围岩稳定有重要意义的性质。另外,许多层状岩体中的各向异性,使围岩的变形及失稳有强烈的非对称性。

岩体是一种地质介质,在它的形成及存在过程中,大多经历过许多次强烈程度不同的构造运动,这些地质构造运动在地层中形成了一系列的构造形迹,如断层、节理、裂隙等。另外,岩体中还存在许多间断面、接触面、层理、夹层等结构面。这些结构面的力学强度参数往往只有岩石的几分之一、几十分之一,甚至更小。其刚度也比岩石本身小几个数量级,因此,岩体结构面及裂隙分布状况常常是围岩稳定与否的控制性因素。

2.2.2.2　初始地应力

岩体的初始地应力主要由自重应力和构造应力组成。岩体中存在初始应力是岩体工程不同于其他工程的主要特性之一。地下洞室群在开挖过程中,地应力的释放引起了荷载释放,使洞室围岩的应力发生了重分布。这个应力重分布就决定了围岩的稳定性。因此说,岩体中初始地应力是洞室变形和破坏的力源。

地应力具有双重性,一方面它是岩体赋存条件,另一方面又赋存于岩体之内,和岩体组成成分一样左右着岩体的特性,是岩体力学特性的组成部分,地应力对岩体力学性质的影响主要体现在[38]:① 地应力影响岩体的承载能力,对赋存于一定地应力环境中的岩体来说,地应力对岩体形成的围压越大,其承载能力越大;② 地应力影响岩体的变形和破坏机制,许多岩体力学实验都表明,岩体的变形和破坏机制在不同的围压条件下是不一样的;③ 地应力影响岩体中的应力传播的法则。

2.2.2.3　工程因素

除了上述岩体和地质环境对地下洞室群的稳定性影响很大以外,工程上人为的因素,如洞室的选址、形状、规模、施工方法、洞室间距及支护形式和时机等,也会给洞室围岩的安全带来比较大的影响。

　　1) 洞室布置和几何尺寸

　　(1) 洞室形状。洞室断面形状对围岩安全性也有较大的影响,如矩形断面在夹角处易形成应力集中,边线流畅圆滑的卵形或圆形断面应力分布情况较好。

　　(2) 洞室的埋深。目前,有许多水利交通工程中出现了埋深达数千米的洞室、隧洞。在这样的岩体中修建、开挖洞室经常会遇到岩爆、高地应力等诸多问题,不同的埋深会导致不同的地应力,通过不同高程上原岩中的应力大小来模拟埋深的变化[39]。很多学者对这些问题进行了系统研究,大部分研究还停留在定性描述上。

　　(3) 洞室几何尺寸。地下洞室由于地形、地质及实际生产需要的不同常被设计成不同的断面尺寸,几乎没有任何两个工程的断面尺寸完全相同。洞室的断面尺寸在一定程度上影响着“围岩-支护系统”的稳定性状。洞室的几何尺寸,尤其是高度和跨度的影响较为显著。洞室的尺寸主要反映在洞室临空面与结构面密度间相对不利关系的尺寸效应问题。在地质条件相同的情况下,跨度大、边墙高的洞室开挖后出露结构面的频度相对较高,从而易于形成不稳定的楔形块体,围岩易失稳。

　　(4) 洞室轴线布置。地下洞室设计一般要求洞室的轴线要平行于最大主应力方向,这样洞室横断面上的集中应力最小,有利于洞室围岩的安全。R. S. Read 指出隧道的轴线应该与最大主应力方向平行,以避免切向应力的作用。图 2-5 所示为加拿大核废料地下处置试验室试验隧道的断面图,图中 U1 段和 M1 段具有相同断面形式,但断面与主应力的夹角不同,U1 平行于主应力方向,其洞壁的最大集中应力为 100 MPa,小于其破坏强度(120 MPa),而 M1 段处于水平方向,与主应力夹角为 11°,其洞壁左上部和右下部的集中应力达 125 MPa,大于其破坏强度,造成 V 形破坏区。

　　(5) 洞室间间距。洞间距离是影响洞室群围岩稳定的主要因素之一。一般的地下洞室群都会是两个或两个以上平行洞室及一些交叉通道组成的。当洞室进行开挖施工时,洞室之间是相互影响的,必定造成洞壁一定深度范围内围岩应力松弛、强度降低。而洞室之间的间距就直接影响相邻洞室的稳定性。若因洞间间距过小而导致洞间围岩松弛范围的连通,则必将严重影响围岩的稳定性。

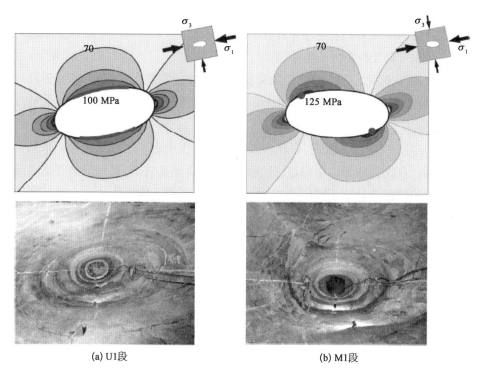

(a) U1段　　　　　　　　　　　　　　(b) M1段

图2-5　隧道U1段和M1段计算的最大主应力分布图和相应的最终断面形状

2）施工方法和开挖顺序

施工方法及开挖顺序也是很重要的。它主要通过影响改变围岩所经历的应力路径来影响其安全性。在有些情况下，不适于多次开挖，而有些情况下，多次开挖就比较有利；不同的开挖顺序也会对围岩的安全性产生不同的影响；不同的施工方法，如爆法施工和 TBM 施工，其工艺不同，对围岩的安全性的影响也不同。

3）支护参数

确定支护参数，首先应该明确支护方式和支护时机。许多情况下，用新奥法的及时锚喷方法比用滞后很久的永久性衬砌法对围岩的安全性更有利，因为前者充分及时地给围岩以有效的补强，制止或大大减缓围岩松弛的过程[40]。

另外，在支护过程中，各种方式的设计施工对洞室侧壁、顶拱的稳定影响也很大，如喷层的厚度、锚杆的长度和密度、锚索的截面积等。

此外，还有其他一些因素影响地下洞室的稳定。比如，地下水的存在和活动也是影响围岩稳定的重要因素，地下水既能影响应力状态，又能影响围岩岩体强度。岩体结构中孔隙水压力的增大能减小结构面上的有效正应力,因而降低岩体沿结构面的抗滑稳定性,所以地下水的活动往往是围岩失稳的一个重要因素。

综上所述,影响围岩稳定性的因素有很多,地质构造与岩体力学和物理性质总体来说就是岩体整体的强度问题。洞室开挖过程中或开挖后的围岩应力分布和位移特征不但与上述两者有关,还与地应力有重大关联。以上的许多因素中都有可能在一定条件下从次要地位转化为主要因素,在实际分析中,需要具体问题具体分析。

2.3　整个地下工程风险影响因素

整个地下工程的风险包括工程失稳、经济因素、监控程度、人为因素等。除了上节中提到地下工程稳定性的风险因素识别,还有以下几个方面。

(1) 大型地下工程(特别是长大隧道、大跨度洞室、恶劣地质环境下的海底隧道等)一般施工工期较长,因而材料价格的变化、汇率的变化等也会给工程费用的控制带来风险。

(2) 选择承包商的风险。承包商的设备、能力、技术管理水平,合同执行过程中承包商法人发生变更、破产、兼并等对合同的执行有很大的影响。

(3) 不利的气候或天灾带来工程损失或延期。

(4) 施工条件(如进场条件、限制施工用水用电等)也会对合同的执行带来风险。

(5) 施工中发生的风险,如由于塌方、涌水、爆破等出现的安全问题。

(6) 发生争议后,协商、调解、仲裁、诉讼等不同的处理方法也会对工程进展带来影响。

(7) 合同监督执行的风险,如监理单位及其人员选配、监理人员的素质等。

我国现阶段存在大量的已建和在建的地下工程,有很多种形式,如山体隧道、海底隧道、油气储存工程、水电站地下厂房、人防工程等。它们的安全往往直接关系着国计民生,因此研究不同条件下地下洞室群稳定性及其评价方法成为一个重要的研究课题。如果要研究地下工程的稳定性,应该先确定一个合适的指标或标准来定义"围岩的失稳"和"围岩的稳定"。这个判断指标或标准选择的合理与否,直接影响后续的评价工作。

任何工程结构在失稳前[41],特别是临界状态下,其应力、应变、位移、声发射等物理量会发生不同于稳定时期的变化,这种变化可用于失稳预测。

近年来,许多专家和学者从数值计算、试验、理论分析等方面对地下洞室群稳定性开展了大量工作,也相继提出一些直观的、可操作性强的稳定性判据。可以根据不同的工程情况,选择其中的一种或几种使用。

2.4   地下工程整体失稳应力判据

岩体在某截面上的承载能力主要取决于岩体材料本身的性质,如这个截面承受的应力或应变超过自身承载能力的极限,围岩体在这个截面上必然发生破坏[22]。

围岩强度判据的理论基础是强度破坏理论,如 D-P 准则或 Mohr-Coulomb 准则等。即在低约束压力的条件下,岩体内某斜截面的剪应力值超过破坏理论规定的滑动限界范围时,岩体就发生剪切屈服破坏。因此,根据围岩在洞库开挖成型 24 h 后的主应力分布和塑性区分布,按以往设计、施工经验,可以定性地判定围岩的受力形态和破坏机理。由于整个洞库断面的地质条件分布不均匀,围岩的强度指标难以确定,并且各点的应力状态也不一样,所以破坏理论规定的滑动限界范围很难确定。在岩体材料中,岩体强度是未知的,强度判据作为岩体破坏准则只具有理论意义,而应用于实际则有一定困难。大量的试验证明,岩体失稳都发生在峰值强度之后应变弱化段的某一区间。因此,即使超过峰值强度,岩体也不一定失稳;而有时岩体所受的应力未超过岩体强度,当满足一定的条件时也会失稳。因此,传统的强度判据只能作为辅助参考。

按应力状态评价方法的不同,总结起来主要是两类:单项强度指标和复杂应力状态下的强度指标。

2.4.1   单项应力强度指标

在单项应力强度指标中最常用单元的应力强度来判断稳定性,满足下式,则围岩稳定

$$|\sigma_{1max}| \leqslant [R_c]$$
$$|\sigma_{3min}| \leqslant [R_t] \qquad (2-1)$$

式中 R_c ——岩石的单轴抗压强度;

  R_t ——岩石的单轴抗拉强度。

在《岩土工程勘查规范》(GB 50021—1994)中用应力比来判断围岩的稳定

性,规定当 $S \geqslant 2$ 时,洞室稳定。应力比 S 的表达如下

$$S = \sigma_c / \sigma_V \tag{2-2}$$

式中　σ_c——围岩岩体的抗压强度, $\sigma_c = R_b K_V$,其中 R_b 为岩石饱和单轴抗压强度, K_V 为岩体完整性系数;

　　　σ_V——岩体内最大主应力。

　　还有很多类似的用应力比来评价围岩稳定性的方法,在此不一一列举,这些判别方法基本沿袭了材料力学中经典的强度分析理论及相应的强度储备计算方法。但是,这种以单轴应力强度来评价稳定性方法对于处于复杂应力状态的围岩来说不是十分准确。

2.4.2　复杂应力状态下的强度理论

　　相比于简单的单项应力强度指标,建立在复杂应力状态下的强度理论能够较为准确地表达岩石在实际应力状态下的危险性。通过它可以对应力集中程度及其随加载的演化过程进行分析。

　　潘昌实等参照 Mohr-Coulomb 准则来计算高斯点的强度发挥系数 SMF,规定当 $SMF > 1$ 时,表明该高斯点已进入塑性状态。SMF 定义如下

$$SMF = \frac{\sigma_1 - \sigma_3}{2c\cos\varphi + |\sigma_1 + \sigma_3|\sin\varphi} \tag{2-3}$$

　　杜丽惠等在研究反映单元材料的非线性特征时引入了破坏接近度的概念,并由此计算相应的弹性模量和泊松比来反映材料的非线性特征。其假定围岩遵循 Mohr-Coulomb 直线破坏准则,通过应力圆与破坏包络线的关系引进破坏接近度指标 R,定义如下

$$R = \min(d_1/D_1, d_2/D_2) \tag{2-4}$$

式中, D_1、D_2、d_1、d_2 的意义如图 2-6 所示。

　　这些评价复杂应力状态危险性的指标无疑比单向强度指标更为合理,但其不是建立在应力空间内应力状态危险性评价基础上的,因此,定义中无法表现应力路径的影响,从图 2-6 可见,一点的最不利破坏方式为圆心左移的同时 Mohr 圆扩大,而定义中假定的应力路径显然不是最不利应

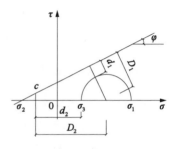

图 2-6　破坏接近度的 Mohr 圆示意

路径,这在力学上似乎有欠合理性。另外,从形式上来看,这些指标分母为材料参数,这说明其是对当前应力状态危险性的绝对评价,仍是一个相对的参量[42]。

2.5   地下工程围岩失稳位移判据

所谓的位移判据即容许极限位移量判据。容许极限位移量是指在保证洞室不产生有害松动和保证地表不产生有害下沉量的条件下,自洞室开挖起到变形稳定为止,在起拱线位置的洞室侧壁水平位移总量的最大容许值,也有用拱顶最大容许下沉量表示的。

2.5.1   以位移做稳定判据的优点

地下洞室是隐蔽工程,只能看到支护结构的内表面,难以观察到破坏的全貌。不论洞室的作用机理如何复杂,其经受各种作用后的反应可由洞壁位移体现出。通过周边位移了解洞室的力学动态是较直观、易于实施的办法,洞室稳定性可从洞壁位移变化和发展得到体现。

在洞室开挖的过程中,若发现量测到的位移总量超过容许极限值,或者根据已测位移加以预测的围岩稳定时的位移将超过极限值,则意味着围岩位移超限,支护系统必须加强,否则有失稳的危险。容许极限位移量的确定并不是一件容易的事情,是洞室所处地质条件、隧道埋深、断面形状尺寸及初期支护性状等多种因素决定的,目前围岩极限位移量一般通过理论分析、数值计算、现场量测和室内试验来确定,下节会详细介绍。

在工程的监控量测中,应力、应变和位移都可以直接得到,且信息较丰富,应用价值较高。但是,应力应变监测较复杂且数据的可靠性差,故工程中多采用位移监测。在位移量测中以量测岩体表面两点间的收敛位移最方便,故常为现场的首选方案。而基于电阻、电感等原先的多点位移计,由于量程小、埋设复杂、不能重复使用等原因,局限性大,难以大面积推广使用[43]。

2.5.2   地下洞室稳定性位移判别准则的表达方式

2.5.2.1   基本表达式

洞室稳定性或可靠性分析的关键和难点就是位移极限值的确定。位移极限值是地下洞室所处围岩性质、支护结构性状和施工等条件不能满足某项功能的位移临界状态的具体体现,可通过理论分析、现场调查和室内试验等手段确定。

地下工程稳定性位移判别可根据洞壁实际位移 u 与极限位移 u_0 之间建立判别准则,即

$$\begin{cases} u \leqslant u_0,\text{洞室稳定} \\ u > u_0,\text{洞室不稳定} \end{cases} \tag{2-5}$$

关于极限容许位移又有许多获得方法,国内外尚无统一的标准。日本《新奥法设计施工技术指南》提出按围岩类别的允许净空收敛值。苏联学者通过大量观测数据的整理,得出了用于计算洞室周边容许最大变形值的近似公式[25]

$$\begin{cases} \delta_1 = 12\dfrac{b_0}{f^{1.5}}(\text{拱顶}) \\ \delta_2 = 4.5\dfrac{H^{1.5}}{f^2}(\text{边墙}) \end{cases} \tag{2-6}$$

式中　f——普氏系数;

　　b_0——洞室跨度;

　　H——边墙自拱脚至底板的高度(m);

　　δ_2——自拱脚$(1/3\sim 1/2)H$ 段内测定(mm)。

该式没有考虑对地下洞室围岩变形有重要影响的埋深和围岩变形模量两大因素,而实际应用中其实有诸多矛盾。

李宁根据地下洞室的最基本稳定性要求,以洞室围岩表面刚好达到剪切塑性极限为临界条件,提出一个圆形隧洞临界沉降量公式

$$\delta'_{\text{顶}} = r(1 - \sqrt{1 - B'}) \tag{2-7}$$

其中　$B' = K_1 K_2 K'_3$, $K'_3 = \left[\dfrac{\gamma H(1-\sin\varphi)+\cot\varphi}{(\gamma H + \cot\varphi)(1-\sin\varphi)}\right]^{\frac{1-\sin\varphi}{\sin\varphi}}\left(\dfrac{R}{r}\right)^2$

式(2-7)将围岩变形性质、强度性质、洞径、埋深等对围岩稳定性的影响均加以考虑,但是它只是适用于圆形典型隧道,无法应用于地下厂房洞室群。

我国制定了《岩土锚杆与喷射混凝土支护工程技术规范》(GB 50086—2015),提出了净空允许收敛值(表 2-2),关于监控量测有以下规定:当出现下列情况之一且收敛速度仍无明显下降时,必须采取措施:① 喷射混凝土出现大量的明显裂缝;② 隧洞支护表面任何部位的实测位移量达到表 2-2 所列数值的 70%;③ 用回归分析法算得的最终相对收敛总量已接近表 2-2 所列数值。

表 2-2　洞周允许相对收敛量　　　　　　　　/%

隧道埋深/m		<50	50～300	300～500
围岩类别	Ⅲ	0.1～0.3	0.2～0.5	0.4～1.2
	Ⅱ	0.15～0.5	0.4～1.2	0.8～2.0
	Ⅰ	0.2～0.8	0.6～1.6	1.0～3.0

注：洞周相对收敛量是指实测收敛量与两测点间距离之比；公路隧道Ⅴ、Ⅳ、Ⅲ类围岩类别划分大体与该规范Ⅲ、Ⅳ、Ⅴ类围岩相当；脆性岩体中的隧道允许相对收敛量取表中较小值，塑性岩体中的隧道则取表中较大值。

2.5.2.2　相对位移判别法

定义相对位移比值

$$\xi = u/h \tag{2-8}$$

式中　u——洞壁关键点位移值；

　　　h——洞室的高度

对于临界值 ξ_c，不同工程类型或不同埋深有不同数值[44]，如类龙滩类工程：当 $H_0 < 300$ m 时，$\xi_c = 0.6 \times 10^{-3}$；当 $H_0 > 300$ m 时，$\xi_c = 0.9 \times 10^{-3}$。类小浪底工程：$\xi_c$ 依不同的岩类分别取值 1.1×10^{-3}、0.5×10^{-3}、0.4×10^{-3} 或 0.2×10^{-3}；类二滩工程：ξ_c 则为 0.8×10^{-3}。

2.5.2.3　弹塑性位移相对比值

经过对大量地下洞室群的系统分析，可以采用洞室边墙关键点的弹塑性位移与该点弹性位移的比值做稳定判据，即当该比值大于一个临界值 θ_c（即 $\theta \geqslant \theta_c$），则需采取一定的措施来控制围岩的继续变形，具体表述如下[44]

$$u_{ep} = h[a(1\,000k\gamma H/E)^2 + b(1\,000k\gamma H/E) + c] \times 10^{-3} \tag{2-9}$$

式中　u_{ep}——主厂房高边墙关键点预测弹塑性位移值(m)；

　　　h——主厂房高度(m)；

　　　k——初始地应力侧压系数；

　　　γ——岩体容重(kN/m³)；

　　　H——洞室埋深(计至底板，m)；

　　　E——岩体变形模量(MPa)。

a、b 和 c 为与工程布置及特点相关的回归系数，见表 2-3。

表2-3 相对位移值表达式中的参数值

岩 类	埋深 100 m			埋深 200 m		
	a	b	c	a	b	c
Ⅰ	0.067 0	0.378 3	0.004 0	0.102 0	0.319 1	0.094 4
Ⅱ	0.023 9	0.416 8	−0.002 0	0.088 4	0.407 3	0.012 4
Ⅲ	0.054 2	0.403 3	0.000 7	−0.005 4	0.472 8	−0.001 9
Ⅳ	0.071 4	0.395 5	−0.000 4	0.012 9	0.458 7	−0.001 7

岩 类	埋深 300 m			埋深 400 m		
	a	b	c	a	b	c
Ⅰ	0.147 2	0.132 2	0.358 2	0.177 5	−0.098 2	0.812 9
Ⅱ	0.152 9	0.324 5	0.059 9	0.181 7	0.237 9	0.138 8
Ⅲ	0.029 4	0.467 2	0.006 3	0.079 7	0.424 3	0.026 0
Ⅳ	−0.014 9	0.498 7	−0.002 4	0.023 6	0.484 4	0.004 5

$$u_e = (b + \Delta b)hk\gamma H/E \tag{2-10}$$

式中 u_e——主厂房高边墙关键点弹性位移值（m）；

　　　b——取自Ⅳ类围岩埋深为 100 m 时的参数值；

　　　Δb——一个小的修正量，表明 b 随着埋深不同还应进行一个较小的修正，$\Delta b = 1.5(H_0 - 100) \times 10^{-4}$，其中 H_0 为厂房埋深。

$\theta = \dfrac{u_{ep}}{u_e}$ 是关键点弹塑性位移值与其弹性位移值之比。

表中的岩体类型 Ⅰ、Ⅱ、Ⅲ、Ⅳ 分别对应弹性模量为 10 GPa、20 GPa、30 GPa、40 GPa。若再考虑系统锚杆锚固的影响，得到的 u 值应乘以小于 1 的系数 η。

表2-4 给出了不同埋深下侧压系数大于 1 时的 θ_c 值，采用最小二乘法对多个工程算例的拟合，对于不同埋深的洞室群侧壁相对位移比临界判据值的线性表达式为

$$\theta_c = 0.001H_0 + 1.102 \tag{2-11}$$

表 2-4   洞室稳定性判据 θ_c 的值

埋深 H_0/m	θ_c	备 注
100	1.10~1.20	
200	1.25~1.70	多数为 1.40~1.60
300	1.25~1.70	
400	1.29~1.70	

2.5.2.4   根据经验先兆判断

隧道失稳的经验先兆主要有：局部块石坍塌或层状劈裂,喷层的大量开裂;累计位移量已达极限位移的 2/3,且仍未出现收敛减缓的迹象;每日的位移量超过极限位移的 10%;洞室变形有异常加速,即在无施工干扰时的变形速率加大等。当有经验的工程人员发现此类先兆时,也可以判断洞室的稳定性很差。

支护后的地下洞室壁的位移是在洞室开挖及支护过程中,在各种因素的影响下围岩整体力学性质及稳定状态的客观的外在表现,围岩及支护体的稳定性可通过围岩周边位移及其位移速率直接反映出来。从位移出发,研究地下洞室及岩体和支护体的稳定性及可靠性已经得到众多学者的认同,所以在后续研究中主要采用 2.5.2.3 节中弹塑性位移相对比值判别法来对大型地下洞室群的失稳概率进行研究。

2.6   地下工程围岩失稳其他判据

2.6.1   围岩塑性区和洞室截面积相对比值判别法

由于水电地下洞室群中发电机主厂房是最重要的建筑物,因此,先以主厂房为主进行研究,这样也可使问题得到一定的简化。由此,提出用主厂房洞周围岩塑性区面积 f' 与主厂房截面积 f_0 之比 β 作为围岩稳定性的一种判据,即

$$\beta = \frac{f'}{f_0} \qquad\qquad (2-12)$$

式中 f'——主厂房洞周围岩塑性区面积;

f_0——主厂房断面面积。

根据对某些大型工程的大量计算,可取 β 作为临界预警值或作为围岩损伤较严重而需施加长锚索做加固的判据。这一判据对二滩地下厂房群几何特点类型的工程是较适用的,但其普适性不是很好。

另外,塑性区相连程度判断法可查看三洞或二洞间是否塑性区已连成片。若相连,则可作为预警条件。

2.6.2　变形速率比值判别法

李世辉总结了国内外新奥法围岩变形监测新经验,探索出典型信息与原型信息结合的一种典型信息法新形式,应用理论分析、专家经验、信息资料三者结合的综合集成法,提出的变形速率比值判据,即预设计初期支护全部施作后 24 h 内的围岩变形速率 v 与该断面实测围岩变形速率最大值 v_0(通常为初测值)的比值,如小于既往典型工程监控量测资料中由可能失稳确已转化为稳定状态的若干断面的典型量测资料统计得出的该比值的阈值 $(v/v_0=5\%)$,预计该断面围岩趋于稳定;如有流变,以施作后期支护处理。该公式适用于软岩工程中。变形速率比值判据按下式计算[45]

$$v/v_0=[v/v_0]=5\% \qquad (2-13)$$

2.6.3　力学判据

一般而言,洞室开挖后,如果围岩岩体承受不了回弹应力或重分布的应力作用,围岩将发生塑性变形或破坏。这种变形或破坏通常是从洞室周边,特别是那些最大压力或拉应力集中的部位开始,而后逐渐向围岩内部发展,其结果是常可在洞室周围形成松动带或松动圈。围岩内的应力状态也因松动圈内的应力被释放而重新调整,在围岩的表面形成应力降低区,而高应力集中区向岩体内部转移,结果就在围岩内形成一定的应力分布带,相应地在围岩内一定范围内形成不同的应变分布带,通过分析围岩塑性区、拉应力区的大小及塑性应变量值的大小也可判断围岩的失稳。围岩塑性区、拉应力区的大小及塑性应变量值的大小可通过弹塑性非线性有限元数值分析来确定。

2.6.4　其他判据

蔡美峰、孔广亚等(1996,1997)[46-47]从系统和能量突变的观点出发,建立了岩体工程系统破坏失稳的能量突变准则;许传华等(2004)[48]应用耗散结构理论、熵及突变理论等非线性科学理论研究了岩石的非线性稳定问题,建立了岩体破坏分析方法和失稳判据。定义演示系统的信息熵函数 S 为

$$S = -\phi \sum_{i=1}^{n} \lambda_i \ln \lambda_i \qquad (2-14)$$

式中:$\phi = 1/\ln n$,$S > 0$,并假定 $\lambda_i = 0$ 时,$\lambda_i \ln \lambda_i = 0$。可用某一连续函数 $S = f(t)$ 表示系统熵值随开挖过程变化,将函数进行泰勒级数展开,取至 4 次项得

$$S = f(t) = \sum_{i=1}^{4} a_i t^i \qquad (2-15)$$

同理,将上式化成尖点突变的标准函数形式,通过突变特征值 $\Delta = 8u^3 + 27v^2$ 判别地下洞室施工过程中围岩系统的稳定。

另外,进行数值模拟时,在弹塑性迭代过程中,位移变化趋近无限大时发散,结构失稳。在这种情况下,系统不能承受当前的荷载,在迭代过程中无法达到一个平衡状态。

总之,对于地下洞室稳定性问题还没有统一的、具有理论基础的判据,而且采用不同的方式(如超载、强度储备)使系统达到极限平衡状态或采用不同的失稳判据得到的稳定安全度一般是不同的,这就给"安全"的确定带来了一定的困难,因此建立统一的、具有力学理论基础的失稳判据是一个亟须解决的问题。

综上所述,本章详细介绍了各种地下工程围岩失稳判据的表达,如应力判据、位移判据、能量判据等。这些判据应用时可以通过实验研究、数值分析、现场监控量测等手段获得数据。其中,位移是洞室内外各种因素作用最直接的表现,不论洞室的作用机理如何复杂,其经受各种作用后的反应可用洞壁位移体现出,所以选择以周边位移为基础的稳定性判据是最直观、最易于实施的。确定以弹塑性位移相对值判别法为基础对洞室的失稳概率进行研究,对判别式进行改进,其中的弹塑性位移采用具体工程数值模拟计算中侧壁的最大水平位移值,这样更能反映真实情况。洞室失稳的判断问题是复杂的巨系统,需要依靠多学科理论方法、专家经验、监控量测信息与计算机技术等科学。因此,在进行地下洞室稳定性判断时,必须参考既有洞室稳定性判据的实践经验,同时结合实际工程中各量测值随时间变化的规律,才能做出正确的判断。

第 3 章

多因素围岩稳定性评价与风险评估

地下洞室群工程风险分析就是对识别出来的施工风险因素的发生概率及损失的严重程度进行估计,但风险概率和风险后果并不能很容易地精确估计出来。无论是利用过去的或类似的工程项目风险数据和信息资料估计当前工程风险概率,还是通过有经验的项目风险管理者或风险专家的主观估计估计项目风险概率,都带有很大的主观性,项目风险管理者或风险专家对项目风险概率很难给出精确的大小,而只能给出模糊的大小。无论采用哪种方法,估计出的风险概率都应该是模糊的大小。因为事物有精确和模糊之分,对于精确事物的大小应该用精确的方式来表示,对于模糊事物的大小应该用模糊的方式来表示,才能恰当地表示事物的大小。

大型水电站的地下厂房通常是一个比较复杂的洞室群系统,一般由多个洞室组成。其中的主要厂房一般开挖跨度大、边墙高;并且水电站的厂房一般为永久性建筑物,使用年限长,对围岩的稳定性要求很高。同时,岩体是复杂的地质体,它不仅可由多种岩石组成,还包含了大量各种成因的结构面,处于复杂的地下水和地应力环境,并经历了长期的次生和表生改造作用。地下工程岩体的复杂性不仅表现在组成结构及影响因素方面,还表现在各因素的影响程度因不同的岩体、受力状态和运营环境而异上。对于洞室是否"稳定",通常情况下很难给出准确、清晰的判断,对洞室群的稳定性评价具有模糊性。

对于具有模糊性的事件,影响事物的因素又较多时,可以采用模糊数学的方法。模糊综合评价是解决多因素、多指标综合问题的一种行之有效的决策方法。它是应用模糊关系合成的特性,根据给出的评价准则和实测值,从多个指标对评判事物隶属等级状况进行综合性评判。它将被评价事物的变化区间进行划分,又对事物属于各个等级的程度做出分析,使得对事物的描述更加深入客观,分析结果更加准确。其评判基本流程如图 3-1 所示。故本章选择模糊综合评判法来评价洞室的稳定性[49-51]。

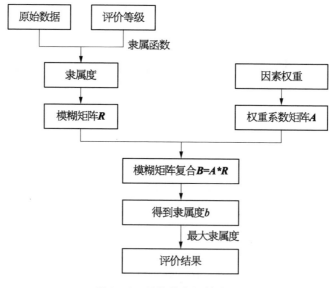

图 3-1 模糊综合评判流程

3.1 多因素模糊综合评判方法

模糊性是指某些事物的概念的边界不清楚,这种边界不清的模糊概念,是事物的差异之间存在中间过渡的结果。评判就是按照指定的评价条件对评价对象的优劣进行评比、判断,综合就是指评价条件包含多个因素。综合评判就是对受到多个因素影响的评价对象做出全面的评价。

在大型工程项目风险评价中,有些现象或活动界限是清晰的,有些则是模糊的。显然,模糊概念的数学表达是必不可少的。模糊数学是美国控制论专家、加利福尼亚大学 Zadeh 教授于 1965 年提出来的[52],模糊集合用隶属函数作为桥梁,将不确定性在形式上转化为确定性,即将模糊性加以量化,从而可以利用传统的数学方法来进行分析和处理。

3.1.1 模糊综合评判方法选择的依据

模糊综合评判(fuzzy comprehensive evaluation, FCE)是模糊数学在实际工作中的一种应用方式[53]。它是对受多个因素影响的事物做出全面的、有效评判的一种综合评价方法。事实上,在项目风险评估实践中,有许多实践的风险程度是不可能精确描述的,如水平高、技术先进、资源充分等,"高""先进""充分"等均属于边界不清晰的概念,即模糊概念。诸如此类的概念或事件既难以有物质上的确切含义,也难以用数字准确地表述出来,这类事件就属于模糊事件。

同理,对于地下工程,也很难用准确的数学语言来描述"风险高"或"风险低"的具体程度,所以对于它们的评价可以根据模糊数学原理来进行。模糊综合评判突破了精确数学的逻辑和语言,强调了影响事物因素中的模糊性,较为深刻、准确地刻画了事物的客观属性。其评价方法中的隶属函数和隶属度的概念是有效针对确定性因素,可以以精确的数学语言描述确定性和不确定性因素的方法,解决了统一各项指标量纲的问题。

3.1.2　模糊综合评判法模型的基本概念

3.1.2.1　模糊集合

模糊集合研究和处理的是模糊现象,它是由于概念外延的模糊而难以确定一个对象是否符合这个概念,而呈现出不确定性,即模糊性。说明事物与概念间没有绝对的是与否关系,这是排中律的一种突破模糊集合论,就是从对模糊性的研究中去把握,寻求广义的排中律隶属规律。事件隶属某个概念的频率,即隶属频率。通过大量试验也发现其具有稳定性,这便是隶属度的客观含义。它反映了事件与模糊概念间的联系与制约,可见隶属度也不能主观捏造,也是具有客观的规律性的[54-55]。

模糊集合论所表现出的不确定性可以通过统计来确定,称为模糊统计。模糊统计试验具有以下四个因素:

(1) 论域 X。

(2) X 中的一个固定因素 x_0。

(3) X 中的一个可变动的普通集合 A,它联系着一个模糊集 A 和相对应的模糊概念 a,A 的每一次固定化就是对 a 做出一个确切划分,它表示 a 的一个近似外延。

(4) 条件 S,它联系着对模糊概念 a 所进行划分过程的全部客观因素或心理因素,制约着 A 的运动。

模糊性的产生是因为 S 对划分过程没有完全限制,A 在变化,它可以覆盖 x_0,也可以不覆盖 x_0,致使 x_0 对 A 的隶属关系是不确定的。

简单的模糊统计试验过程是:在每一次试验中,要求对 x_0 是否属于 A 做出一个确切判断。故在每一次试验中,A 是一个取定的普通集合。这种试验的特点是：在各次试验中 x_0 是固定的，做 n 次试验后，计算 x_0 对 A 的隶属频率。x 对 A 的隶属频率为（"$x \in A$"的次数）$/n$。大量试验表明，随着 n 的增大，隶属频率会呈现稳定性。隶属频率的稳定性称为 x_0 对 A 的隶属度。

3.1.2.2　模糊关系与模糊矩阵

模糊关系是模糊系统中最基本的概念之一，模糊关系理论是许多应用系统的基础，在有限论域上的模糊关系可以用模糊矩阵来表示。

1）模糊关系

在实际问题中事物之间的许多关系是很难用"有"或"无"来回答的，而是具有相对的模糊性。还有概念本身就是模糊的，要讨论模糊概念之间的关系，把这种具有程度上差异的关系称为"模糊关系"。

定义：称以直积 $X \times Y = \{(x, y) \mid x \in X, y \in Y\}$ 为论域的一个模糊子集 R 为 X 到 Y 的一个模糊关系，记为

$$X \xrightarrow{R} Y \tag{3-1}$$

模糊关系 R 由下式隶属函数来表示

$$\begin{cases} u: X \times Y \to [0, 1] \\ (x, y) \to u_R(x, y) \end{cases} \tag{3-2}$$

其表示 (x, y) 属于关系 R 的程度。

特别地，当 $X = Y$ 时，模糊关系 R 称为 X 上的二元模糊关系；若模糊关系 R 的论域为 n 个集合的直积 $X_1 \times X_2 \times \cdots \times X_n$，则 R 为 n 元模糊关系。

若 R、S 都是 X 到 Y 的模糊关系对 $\forall (x, y) \in X \times Y$ 都有 $u_R(x, y) = u_S(x, y)$，则称 R 与 S 相等，记为"$R = S$"。

2）模糊矩阵

定义：设 $r_{ij} = [0, 1](i = 1, 2, \cdots, m; j = 1, 2, \cdots, n)$，矩阵 $\boldsymbol{R} = (r_{ij})_{m \times n}$ 则称为 $m \times n$ 阶的模糊矩阵。

模糊矩阵是普通矩阵的特殊情况，普通矩阵的元素可为任意数，而模糊矩阵的元素仅取区间 $[0, 1]$ 上的实数，因为其元素 r_{ij} 在实际问题中通常是表示模糊关系 R 的隶属度 $u_R(x, y)$。

3.1.3　模糊综合评判模型的基本计算步骤

采用模糊综合评判法进行项目风险评价的基本思路是：综合考虑所有项目

风险因素的影响程度,并设置权重区别各因素的重要性,通过构建数学模型,推算出风险的各种可能性程度,其中可能性程度值高者为风险水平的最终确定值[56]。

其中的多级模糊综合评判方法是把众多因素划分为若干层次,使每层包含的因素较少;然后按最低层次中的各因素进行综合评判,层层依次往上评,一直评到最高层次,得出总的评判结果[57]。

(1) 根据评价的目标要求划分等级,建立备择集。备择集是专家利用自己的经验和知识对项目因素对象可能做出的各种总的评判结果所组成的集合,即

$$V = \{V_1, V_2, \cdots, V_m\} \tag{3-3}$$

式中　$V_i(i=1, 2, \cdots, m)$ ——各种可能的总评价结果。

(2) 选定项目风险的评价因素,构成评价因素集。因素集是影响评价对象的各种因素所组成的一个普通集合,即

$$U = \{U_1, U_2, \cdots, U_k, \cdots, U_n\} \tag{3-4}$$

将因素集 $U = \{U_1, U_2, \cdots, U_k, \cdots, U_n\}$ 按其属性分成 n 个子集, $k=1$, $2, \cdots, n, n$ 表示 U 中所包含的一级指标数目;每个 U_k 由若干个二级指标集组成,即

$$U_k = \{U_{k1}, U_{k2}, \cdots, U_{kn_k}\}$$

式中　n_k —— U_k 所包含的二级指标的数目。

(3) 进行单因素评价,建立模糊关系矩阵,即从 U 到 V 的模糊关系 R。 在构造了等级模糊子集的基础上,采取专家评审打分的方法建立模糊关系矩阵 $\boldsymbol{R}(r_{ij})$。 对各因素 r_{ij} 进行评价可通过 Delphi 法或随机调查方式来获取隶属于第 i ($i=1, 2, \cdots, n$) 个评语 V_i 的程度 r_{ij},则可得到模糊评估矩阵

$$\boldsymbol{R} = \begin{bmatrix} r_{11} & r_{12}\cdots r_{1n} \\ r_{21} & r_{22}\cdots r_{2n} \\ \cdots & \cdots \quad \cdots \\ r_{m1} & r_{m2}\cdots r_{mn} \end{bmatrix}$$

(4) 根据各风险要素影响程度,确定其相应的权重。权重集反映了因素集中各因素不同的重要程度,一般通过对各个因素 $u_i(i=1, 2, \cdots, m)$,赋于一相应的权数 $a_i(i=1, 2, \cdots, m)$,这些权数组成因素权重集: $A = \{a_1, a_2, \cdots,$

$a_m\}$。

（5）运用模糊数学运算方法，确定综合评价结果。采用 $M(\cdot, \oplus)$ 算子确定评估项目风险的向量元素集

$$\boldsymbol{B} = (b_1, b_2, \cdots, b_n) = \boldsymbol{K} \cdot \boldsymbol{R} \qquad (3-5)$$

式中 $K = \{K_1, K_2, \cdots, K_K, \cdots, K_n\}$ —— 对应每个 U_k 的权重向量。

（6）对 $\boldsymbol{B}$ 做归一化处理，分析项目风险评判结果。归一化处理得

$$\boldsymbol{B} = \left\{ b_1 / \sum_{i=1}^{n} b_i, \ b_2 / \sum_{i=1}^{n} b_i, \ \cdots, \ b_n / \sum_{i=1}^{n} b_i \right\} \qquad (3-6)$$

则对应 $\max\limits_{1 \leqslant i \leqslant n} \left\{ b_i / \sum\limits_{i=1}^{n} b_i \right\}$（即隶属度最大）的因素就是项目风险最大的因素。

本节主要介绍地下洞室群围岩稳定性评价体系中采用两级模糊评判模型。

1) 一级模糊综合评判模型

仅考虑两个层次时，一级模糊综合评判应按最底一层的因素进行，设评判对象为第二层次中的因素 u_{ij} 评判，它对备选集中第 k 个元素的隶属度为 $r_{ijk}(i=1, 2, \cdots, m; j=1, 2, \cdots, n; k=1, 2, \cdots, p)$，则第二层次的单因素评判矩阵为

$$\boldsymbol{R}_i = [r_{ijk}]_{n \times p} \quad (i=1, 2, \cdots, m; j=1, 2, \cdots, n; k=1, 2, \cdots, p) \qquad (3-7)$$

利用数值模拟的方法建立各个指标的结果数据库，然后借助样本统计的方法，建立各指标取不同值时的评价指标分布图，从而确定它们的隶属关系数据库。

第二层次的模糊综合评判集为

$$\boldsymbol{B}_i = \boldsymbol{A}_i \cdot \boldsymbol{R}_i = (a_{i1}, a_{i2}, \cdots, a_{in}) \cdot [r_{ijk}]_{ri \times p} = (b_{i1}, b_{i2}, \cdots, b_{in}) \qquad (3-8)$$

其中 $b_{ik} = \min\left[1, \sum\limits_{j=1}^{n} a_{ij} r_{ijk}\right] \quad (i=1, 2, \cdots, m; k=1, 2, \cdots, p)$

b_{ik} 表示按第 i 个因素的所有下层子因素进行综合评判时，评判对象对备择集中第 k 个元素的隶属度，a_{ij} 表示 u_i 的第 j 个因素的权数。

2) 二级模糊综合评判模型

二级模糊综合评判的单因素评判矩阵为

$$R = [B_1, B_2, \cdots, B_m]^{\mathrm{T}} = \begin{bmatrix} A_1 \cdot R_1 \\ A_2 \cdot R_2 \\ \vdots \\ A_m \cdot R_m \end{bmatrix} = [r_{ik}]_{m \times p} = (b_1, b_2, \cdots, b_n)$$

$$(3-9)$$

其中　$A = (a_1, a_2, \cdots, a_m)$，$b_k = \min\left[1, \sum_{i=1}^{m} a_i b_{ik}\right]$ $(k = 1, 2, \cdots, p)$

它表示按所有因素进行综合评判时，评判对象备择集中第 k 个元素的隶属度。

如果再有三级、四级甚至更多级模糊评判，评判模型的建立以此类推。

3.2　地下洞室群围岩稳定影响因素权重研究

3.2.1　层次分析法概述

层次分析法（analytic hierarchy process，AHP）从本质上讲是一种思维方式。它把复杂问题分解成各个组成因素，又将这些因素按支配关系分组形成递阶层次结构。通过两两比较的方式确定层次中诸因素的相对重要性，然后综合决策者的判断，确定决策方案相对重要性的总的排序。整个过程体现了人的决策思维的基本特征，即分解、判断的综合。AHP 又是一种定量与定性相结合，将人的主观判断用数量形式表达和处理的方法。它改变了长期以来决策者与决策分析者之间单独决策、难于沟通的状态。在大部分情况下，决策者可直接使用 AHP 进行决策，因而大大提高了决策的有效性、可靠性和可行性[58]。

3.2.1.1　层次分析法的基本步骤

层次分析法通过建立层次结构模型，构造判断矩阵，然后进行层次单排序及其一致性检验，最后得出层次总排序。如果层次总排序通过一致性检验，则分析结果可用；如果排序没有通过一致性检验，则需要重新构造判断矩阵。层次分析法流程如图 3-2 所示。

（1）建立层次结构模型。在深入分析所面临的问题之后，将问题所包含的因素划分为不同层次，如目标层、准则层、指标层、方案层、措施层等，用框图形式说明层次的递阶结构与因素的从属关系。当某个层次包含的因素较多时（如

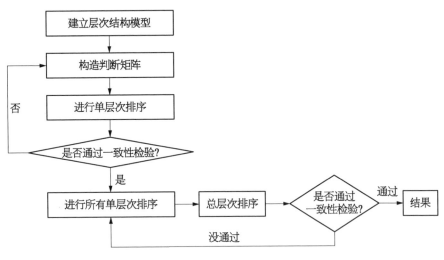

图 3-2 层次分析法流程

超过 9 个),可将该层次进一步划分为若干子层次。

(2) 构造判断矩阵。根据评价问题的特点选聘专家,确定专家的学科结构和职业结构。学科结构是指应考虑专业背景特点,职业结构是指考虑专家的职业背景特点。为了保证专家问卷的回收效率,应综合考虑专家的品德修养和业务水平。应聘请同行中知名度较高、学术造诣较深、社会责任心较强的专家。在专家选聘完成后,要求专家填写评估矩阵 A,该评估矩阵要求专家形成对各指标相对重要性的判断,矩阵元素应按表中定义的各数字填写。

判断矩阵元素的值反映了人们对各因素相对重要性(或优劣、偏好、强度等)的认识,一般采用 1~9 及其倒数的标度方法。当相互比较因素的重要性能够用具有实际意义的比值说明时,判断矩阵相应元素的值则可以取这个比值。

(3) 层次单排序及其一致性检验。判断矩阵 A 的特征根问题 $AW = \lambda_{\max} W$ 的解 W,经归一化后,即为同一层次相应因素对于上一层次某因素相对重要性的排序权值,这一过程称为层次单排序。为进行层次单排序(或判断矩阵)的一致性检验,需要计算一致性指标 $CI = \dfrac{\lambda_{\max} - n}{n-1}$。平均随机一致性指标 RI 的值是与矩阵阶数相关的已知值。对于不同的阶数 n,用 100~500 个样本算出的随机一致性指标 RI 的数值见表 3-1。当随机一致性比率 $CR = \dfrac{CI}{RI} < 0.10$ 时,

认为层次单排序的结果有满意的一致性,否则需要调整判断矩阵的元素取值。

表 3-1　随机一致性指标 RI 的数值

n	1	2	3	4	5	6	7	8	9
RI	0	0	0.58	0.90	1.12	1.24	1.32	1.41	1.45

　　(4) 层次总排序。计算同一层次所有因素对于最高层(总目标)相对重要性的排序权值,称为层次总排序。这一过程是最高层次到最低层次逐层进行的。若上一层次 A 包含 m 个因素 A_1, A_2, …, A_m,其层次总排序权值分别为 a_1, a_2, …, a_m,下一层次 B 包含 n 个因素 B_1, B_2, …, B_n,它们对于因素 A_j 的层次单排序权值分别为 b_{1j}, b_{2j}, …, b_{nj},此时 B 层次总排序权值由表 3-2 给出。

表 3-2　层次总排序权值

层　次	A_1	A_2	…	A_m	B 层次总排序权值
	a_1	a_2	…	a_m	
B_1	b_{11}	b_{12}	…	b_{1m}	$\sum\limits_{j=1}^{m} a_j b_{1j}$
B_2	b_{21}	b_{22}	…	b_{2m}	$\sum\limits_{j=1}^{m} a_j b_{2j}$
…	…	…	…	…	…
B_n	b_{n1}	b_{n2}		b_{nm}	$\sum\limits_{j=1}^{m} a_j b_{nj}$

　　(5) 层次总排序的一致性检验。这一步骤也是从高到低逐层进行的。如果 B 层次某些因素对于 A 单排序的一致性指标为 CI_j,相应的平均随机一致性指标为 CR_j,则 B 层次总排序随机一致性比率为

$$RI = \frac{\sum\limits_{j=1}^{m} a_j CI_j}{\sum\limits_{j=1}^{m} a_j CR_j} \tag{3-10}$$

　　类似地,当 $RI < 0.10$ 时,认为层次总排序结果具有满意的一致性,否则需要重新调整判断矩阵的元素取值。

　　上述层次分析法的基本步骤可用于解决不太复杂的问题,当面临的问题比较复杂时,可以采用扩展的层次分析法,如动态排序法、边际排序法、前向反向排序法等。

3.2.1.2　特征根的计算方法

　　一般而言,工程上用到的层次分析法的判断矩阵的最大特征根及其对应特征向量,并不需要追求较高的精确度。这是因为判断矩阵本身有相当的误差范围。应用层次分析法给出的层次中各种因素优先排序权值从本质上来说是表达某种定性的概念。尽管幂法在计算判断矩阵最大特征根及其对应的特征向量上很容易在计算机上实现,但是人们还是希望寻找更简单的近似算法。所以,本小节着重介绍两种近似算法,计算简单且可以保证精度[59]。

　　1)AHP 计算中的方根法

　　应用简单计算设备就可以计算判断矩阵最大特征根及其对应特征向量的方根法的计算步骤如下:

　　(1)计算判断矩阵每一行的乘积 M_i

$$M_i = \prod_{j=1}^{n} b_{ij} \quad (i = 1, 2, \cdots, n) \qquad (3-11)$$

　　(2)计算 M_i 的 n 次方根 $\overline{W}_i$

$$\overline{W}_i = \sqrt[n]{M_i} \qquad (3-12)$$

　　(3)对向量 $\overline{\boldsymbol{W}} = [\overline{W}_1, \overline{W}_2, \cdots, \overline{W}_n]^{\mathrm{T}}$ 正规化,即 $W_i = \dfrac{\overline{W}_i}{\sum\limits_{j=1}^{n} \overline{W}_j}$, 则 $\boldsymbol{W} = [W_1, W_2, \cdots, W_n]^{\mathrm{T}}$ 为所求的特征向量。

　　(4)计算判断矩阵的最大特征根 $\lambda_{\max}$

$$\lambda_{\max} = \sum_{i=1}^{n} \frac{(AW)_i}{nW_i} \qquad (3-13)$$

式中　$(AW)_i$——向量 AW 的第 i 个元素。

　　2)AHP 计算中的和积法

　　应用小型计算器计算判断矩阵最大特征根及其对应特征向量的和积法的

计算步骤如下：

（1）将判断矩阵每一列正规化

$$\overline{b_{ij}} = \frac{b_{ij}}{\sum\limits_{k=1}^{n} b_{ki}} \quad (i, j = 1, 2, \cdots, n) \tag{3-14}$$

（2）每一列经正规化后的判断矩阵按行相加

$$\overline{w_j} = \sum\limits_{i=1}^{n} \overline{b_{ij}} \quad (i = 1, 2, \cdots, n) \tag{3-15}$$

（3）对向量 $\overline{w_i} = [\overline{w_1}, \overline{w_2}, \cdots, \overline{w_n}]^{\mathrm{T}}$ 正规化

$$w_i = \frac{\overline{w_i}}{\sum\limits_{j=1}^{n} \overline{w_j}} \quad (i = 1, 2, \cdots, n) \tag{3-16}$$

所得到的 $w = [w_1, w_2, \cdots, w_n]^{\mathrm{T}}$ 即为所求特征向量。

（4）计算判断矩阵最大特征根 $\lambda_{\max}$

$$\lambda_{\max} = \sum\limits_{i=1}^{n} \frac{(AW)_i}{n W_i} \tag{3-17}$$

式中　$(AW)_i$ ——向量 AW 的第 i 个元素。

3.2.1.3　判断矩阵的构造

判断矩阵的确定需要综合众多专家的意见，大多采用求平均值的方法，即将每位专家的评价值相加，然后再除以专家总数。但这样建立的判断矩阵实际上综合了误判专家的意见，从而使判断矩阵的建立出现了偏差。而其他方法，如取众数、取中间值等，也存在同样的误区，于是又提出了基于正态分布的判断矩阵建立法。即可以粗略地认为"专家判断矩阵任一元素的赋值频率"服从正态分布，对专家的赋值进行统计处理，将频率密度在 $(-\infty, m-k\delta) \bigcup (m+k\delta, +\infty)$ 区间的误差剔除，具体步骤如下：

（1）计算各位专家对判断矩阵某一元素 a_η 赋值的平均值 $\overline{x}_j$。

（2）计算专家赋值的均方差 δ（用标准差估算），其计算公式为

$$\delta = s = \sqrt{\frac{1}{n-i}\sum_{j=1}^{n}(x_i - \bar{x}_j)} \qquad (3-18)$$

式中　n——赋值的专家数；

　　　x_i——第 i 个专家对某一元素 a_η 的赋值。

（3）迭代检验，若 $x_i \in [\bar{x}_j - k\delta,\ \bar{x}_j + k\delta]$，则称 x 为正常值，该值保留。若 $x_i \notin [\bar{x}_j - k\delta,\ \bar{x}_j + k\delta]$（$k=1$、2、3、…，一般取 2），则称该值为离群值，删除该值。

（4）剔除专家误判值，对剩余专家赋值重要性进行以上步骤操作，直至没有离群值出现，即所有值出现的频率都位于正态分布函数大概率区间。

（5）剔除所有专家误判，计算最后"合格的"众多赋值的平均值 $\bar{x}_i$（取整），则该值为判断矩阵某一元素的值。

（6）对判断矩阵中的每一个元素值都用以上相同方法求得，这些值构成判断矩阵。

当比较两个可能具有不同性质的因素 B_i 和 B_j 对于一个上层因素 A 的影响时，必须有一个相对的尺度，尺度 a_{ij} 的含义见表 3-3。

表 3-3　1～9 尺度 a_{ij} 的含义

尺度 a_{ij}	含　义
1	C_i 与 C_j 的影响相同
3	C_i 比 C_j 的影响稍强
5	C_i 比 C_j 的影响强
7	C_i 比 C_j 的影响明显的强
9	C_i 比 C_j 的影响绝对的强
2、4、6、8	C_i 比 C_j 的影响之比在上述两个相邻等级之间
1、1/2、…、1/9	C_i 比 C_j 的影响之比与上相反

3.2.2　洞室群稳定影响指标选择

要对地下工程围岩稳定性进行分析，应找出对稳定期决定影响作用的因素,以此作为评价指标。依据第 2 章的分析,影响因素主要从岩体质量、几何尺寸、支护参数、施工过程等四大项进行选择。其中,岩体质量又包括岩体弹性模量、断层质量、侧压系数,几何尺寸包括洞室群埋深、高跨比、洞室间间距,支护参数包括系统锚杆密度和长度,施工过程包括开挖顺序和开挖步高度。

3.2.3　层次分析法

根据 3.2.1 节层次分析法的步骤,来确定 3.2.2 节中各个影响指标的权重,为后续进行模糊综合评判做准备。

3.2.3.1　建立层次结构

通过归纳演绎,初步分析综合确定或加工形成若干与问题解决有关的概念,这些概念包括解决问题需要考虑的各种因素,它们既是全面的,又是有重点的。

对所考虑的"因素",分析其相互关联、逻辑归属及重要性级别,进行分层排列,构成一个由下而上的递阶层次结构。最高层一般只有一个因素,称为目标层;若干中间层次,称为准则层;最底层一般称为指标层。

通过系统分析,层次结构模型如图 3-3 所示,总共有三层结构,第一层为总目标层,即洞室群围岩失稳的可能性(O);第二层为准则层(A),分为岩体质量(A1)、几何尺寸(A2)、支护参数(A3)、施工过程(A4)等四项指标;第三层为方案层(B),共有岩体弹模(B1)、断层质量(B2)等 11 项指标。

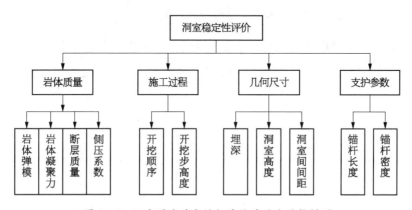

图 3-3　洞室围岩稳定性评价体系层次结构模型

3.2.3.2　构造判断矩阵

地下洞室群围岩稳定评价系统的层次结构一共有五个判断矩阵,即准则层判断矩阵 1 个(O－A),不同准则层下的因素层判断矩阵 4 个:A1－B、A2－B、A3－B、A4－B。

在各种岩土工程中,"经验"决策还是占到很大比例,许多决策方案都是"半经验半理论"状态下完成的,所以不能忽略"经验"的作用。在构造判断矩阵时,本书采用广义上的专家调查法,即向一部分长年从事该领域研究的学者专家、技术人员等发出调查问卷,询问他们对因素层各指标的重要性分析;同时通过各种渠道搜集已经研究过地下洞室群稳定分析的资料、文献,参照文献中通过各种方法已经确定的因素权重,再综合上述专家们的个人意见,以形成各层的判断矩阵。

A1－B 判断矩阵为

$$\boldsymbol{Q}_1 = \begin{pmatrix} 1 & 2 & 3 & 5 \\ 1/2 & 1 & 4 & 3 \\ 1/3 & 1/4 & 1 & 3 \\ 1/5 & 1/3 & 1/3 & 1 \end{pmatrix}$$

用方根法可以求归一化后的 $\boldsymbol{Q}_1$ 矩阵特征向量 $\boldsymbol{w}_1 = (0.47, 0.31, 0.14, 0.08)$,对应的最大特征值 $\lambda_{\max} = 3.20$。

进行一致性检验,计算一致性指标 $CI = \dfrac{\lambda_{\max} - n}{n-1} = 0.067$,查表得四阶判断矩阵的随机一致性比值 $RI = 0.9$,随机一致性比率 $CR = \dfrac{CI}{RI} = 0.074 < 0.10$,所以认为该层次单排序的结果有满意的一致性。即 B 层次各元素相对于准则 A1 的权重为 $(0.47, 0.31, 0.14, 0.08)$。

同理,可以构造 A2－B、A3－B、A4－B 层次的判断矩阵、特征向量和最大特征值。结果如下:

A2－B 判断矩阵为

$$\boldsymbol{Q}_2 = \begin{pmatrix} 1 & 1/3 \\ 3 & 1 \end{pmatrix}$$

求得最大特征根 $\lambda_{\max} = 1.995$,对应的特征向量 $\boldsymbol{w}_2 = (0.25\ 0.75)$,二阶矩阵不用检验随机一致性比率,因为它总具有一致性。

A3－B 判断矩阵为

$$\boldsymbol{Q}_3 = \begin{pmatrix} 1 & 5 & 3 \\ 1/5 & 1 & 1/4 \\ 1/3 & 4 & 1 \end{pmatrix}$$

求得最大特征根 $\lambda_{\max} = 3.083$，对应的特征向量 $\boldsymbol{w}_3 = (0.63，0.09，0.28)$，计算一致性指标 $CI = \dfrac{\lambda_{\max} - n}{n-1} = 0.042$，三阶判断矩阵的 $RI = 0.58$，随机一致性比率 $CR = \dfrac{CI}{RI} = 0.072 < 0.10$，该层次单排序的结果有满意的一致性。

A4 - B 判断矩阵为

$$\boldsymbol{Q}_4 = \begin{pmatrix} 1 & 7 \\ 1/7 & 1 \end{pmatrix}$$

求得最大特征根 $\lambda_{\max} = 1.995$，对应的特征向量 $\boldsymbol{w}_4 = (0.13\ 0.87)$，二阶矩阵不用检验随机一致性比率，因为它总具有一致性。

O - A 判断矩阵为

$$\boldsymbol{Q}_A = \begin{pmatrix} 1 & 4 & 3 & 5 \\ 1/4 & 1 & 1/2 & 3 \\ 1/3 & 2 & 1 & 3 \\ 1/5 & 1/3 & 1/3 & 1 \end{pmatrix}$$

求得最大特征根 $\lambda_{\max} = 4.11$，对应的特征向量 $\boldsymbol{w}_A = (0.54，0.15，0.23，0.08)$，计算一致性指标 $CI = \dfrac{\lambda_{\max} - n}{n-1} = 0.037$，三阶判断矩阵的 $RI = 0.9$，随机一致性比率 $CR = \dfrac{CI}{RI} = 0.041 < 0.10$，该层次单排序的结果有满意的一致性。

3.2.3.3　各因素权重分析结果

通过上一节分析，可得各层次中单准则下各因素分析结果如图 3 - 4 所示，所得结果将为后续章节中进行稳定性综合评价做准备。

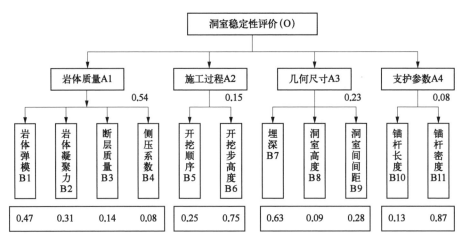

图 3-4　洞室围岩稳定性评价因素权重示意

3.3　多因素洞室群工程稳定性评价

本章研究依据：影响地下工程的各个因素十分复杂，各个因素之间存在千丝万缕的联系，只根据某一个或某几个指标无法准确判断"围岩是稳定的"或"洞室是危险的"。具体而言，当岩体弹模为 25 GPa 时，在不同的地应力、不同的施工条件、不同的支护措施、不同的几何尺寸下，洞室群有可能是十分危险，也有可能是十分安全。这也反映了地下岩土工程的不确定性和模糊性。最终要建立指标隶属度函数

$$A = [x \mid \mu_A(x)] \tag{3-19}$$

这里的 A 就是地下洞室群稳定性等级的集合，也可以说是发生风险的概率集合，每个等级都要对应一个隶属度函数。

3.3.1　评价指标体系的建立

在理论研究和实践分析的基础上，运用系统分析的方法，建立了地下洞室群工程综合评价指标体系，如图 3-3 所示。指标体系是从整体、系统角度考虑的，体现出复杂、相关、递进的关系。各指标有明确的内涵，由这些指标构成的体系具有各指标在单个状态下所不具备的整体功能。在指标体系设立时尽量做到全面、完整、准确地反映地下洞室围岩稳定的各个方面，力求排除指标间的

相容性。该体系中的所有指标都是可以而且必须量化的,以确保评价结果不受人为感情因素的影响。

3.3.2　多级模糊综合评判模型的建立

3.3.2.1　建立洞室群失稳风险评价集

根据目前地下工程稳定性风险研究成果,设定以下稳定等级的评价集合为:$V=$(稳定性极差,稳定性差,稳定性较好,稳定性很好)。

对于洞室群失稳的各种可能性,做了等级划分,见表3-4。在后面的风险控制中,每个风险级别都要相应地采取不同的风险控制措施。

表3-4　地下洞室稳定性与危险等级对应关系表

标　　号	Ⅰ	Ⅱ	Ⅲ	Ⅳ
稳定性评价	极差	差	较好	很好
失稳概率	很大	大	一般	很小
危险等级	红色	橙色	蓝色	绿色

3.3.2.2　构造一级模糊评判矩阵

建立各因素与评价集的隶属关系函数,求出隶属度,以及第二层因素的单因素评判向量,构造出一级模糊评判矩阵。结合地下工程的特点,对多个实际工程的每个指标因素在合理的取值区间内分别取不同的值进行模拟计算,由大量的数值模拟结果得到各因素在各种情况下的稳定性评价指标,从而为将来的研究建立了隶属数据库。

选取泰安抽水蓄能水电站地下厂房、琅琊山水电站、小浪底水电站、大岗山水电站、二滩水电站、瀑布沟、双江口等10余个大型地下洞室群为工程背景,分别给各评价因素赋予不同的量值,用数值模拟分析的方法研究不同的评价因素与其他工程实际因素共同作用洞室群围岩的稳定性情况。针对每个具体工程,先利用数值模拟的方法得出各种条件下洞室围岩的位移、应力、塑性区等数据,利用相关判据对洞室失稳的可能性进行分析。

当所选取的各个因素在各个分位值下的围岩稳定判别都得出结果后,就用确定性方法建立起一个模糊隶属数据库。当今后的地下洞室群工程再进行失稳风险评价时,只需要提供各因素的具体值,就可以迅速找到其对风险评价集的隶属度,然后进行综合模糊评判,从而比较方便快捷地得出地下洞室群围岩失稳风险等级,及时采取措施防止风险发生。

1) 关于因素 B1 的隶属度

选取岩体弹模的取值区间见表 3-5。

表 3-5　洞室弹模的水平划分

编　号	I	II	III	IV	V
弹模/GPa	<5	$5\sim15$	$15\sim25$	$25\sim35$	>35

从各个区间中选取代表值 E1、E2、E3、E4、E5 分别为 5 GPa、10 GPa、20 GPa、30 GPa、40 GPa。将这五个弹模分别代入泰安抽水蓄能水电站地下厂房工况中进行计算。

(1) 泰安抽水蓄能水电站。泰安抽水蓄能电站地下厂房是一个复杂的地下洞群结构,主要由主厂房、副厂房和调压井三大洞室构成主要地下洞室群。地下厂房洞室群所处地带围岩为新鲜的混合花岗岩及少量后期侵入的岩脉,岩石坚硬且较完整。厂房区内断层及裂隙较发育,通过厂房区的主要断层及裂隙密集带,都以较大角度与厂房轴线相交,对厂房围岩的稳定性影响较小。主、副厂房围岩都施加了喷锚支护,个别地方施加了预应力锚索。

现采用 FLAC3D 有限差分方法进行数值模拟。考虑主厂房、主变室、引水隧洞、尾水隧洞、母线洞、交通洞等主要洞室,对厂房区较大的岩脉和断层(如f25 等较大断层)进行实际模拟。计算中,引水隧洞、尾水隧洞和母线洞将通过岩体参数弱化来模拟开挖。

准三维模型共有 28 518 节点,103 271 个单元。主要围岩力学参数和开挖分层示意见表 3-6 和图 3-5。计算中其他条件均按实际情况进行模拟,弹模分别按 E1、E2、E3、E4、E5 五种情况。

锚杆加固对岩体力学性质的改善,根据前人的研究成果[71],利用下述经验公式进行等效

$$\begin{cases} c_1 = c_0 + \eta \dfrac{\tau S}{ab} \\ \varphi_1 = \varphi_0 \end{cases} \tag{3-20}$$

表3-6　厂房区岩体物理力学参数建议值表

位置	岩体类型	饱和容重/(kN/m³)	抗压强度/MPa	软化系数	弹模 GPa	泊松比	抗剪强度 凝聚力/MPa	抗剪强度 摩擦系数	渗透系数K
地下厂房	混合花岗岩	26.4	200	0.85	1.50	0.23	0.8~1.2	0.90~1.00	0.04
	断层带	25.0			0.30~0.35	0.40	0.30	0.50~0.55	0.04
	闪长岩脉	28.0	130	0.92	0.50~0.90	0.30	0.80	0.90	
	辉绿岩脉	28.0	110	0.92	0.40~0.70	0.30	0.68	0.75	

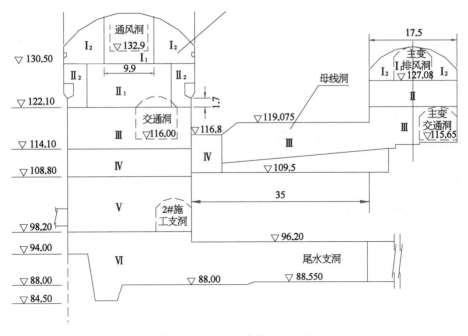

图3-5　地下厂房横切剖面图

式中　c_0、φ_0、c_1、φ_1——原岩体及锚固岩体的黏聚力和内摩擦角；

τ、S——锚杆材料的抗剪强度及横截面面积；

a、b——锚杆的纵、横向间距；

η——综合经验系数，一般可取2~5。

稳定判据以弹塑性位移相对值判别法为基础，做出改进后再综合其他判据共同对稳定性做出评价。

该准则为 $\theta = \dfrac{u_{ep}}{u_e}$，系关键点弹塑性位移值与其弹性位移值之比。这里只考虑洞室侧墙的水平最大位移，而暂不研究顶拱和底板的竖向最大位移。其中每种工况下的弹塑性位移 u_{ep} 通过数值模拟，采用 Mohr-Coulomb 弹塑性模型计算获得，且取值为洞室侧壁最大水平位移值。弹性位移 u_e 则由公式 $u_e = bhk\gamma H/E$ 求得，具体计算见 2.5.2 节。在泰安抽水蓄能水电站地下厂房工程中的相对位移比的临界判据值 θ_c 值按式(2-11)求得取 1.45。

定义围岩稳定指标 SI，指洞室围岩实际弹塑性位移相对值与临界相对值的比值，即 $SI = \dfrac{\theta}{\theta_c}$。它的意义可以广义地描述为结构现有的状态与稳定状态下相对最危险状态的参量比值，即洞室群围岩侧壁最大弹塑性位移比值与警戒弹塑性位移比值之比。

由以上分析可知，当 $SI > 1$ 时，围岩稳定状态即为"差"或"很差"，这里是指洞室的最大位移超过了警戒值，意味着围岩位移超限，必须采取调整支护体系、改变开挖方式等措施。SI 越大，稳定性就相对越差，反之亦然。参照《水利水电工程结构可靠性设计统一标准》(GB 50199—2013)，围岩的稳定状态采用弹塑性位移相对值作为判据时，稳定分级见表 3-7。

需要说明的是，本书的稳定性分级是以 SI 的量值为基础进行划分的(表 3-7)，但 SI 不是唯一标准。在所有的工况中还辅以弹塑性数值计算的收敛性、塑性区贯通性以及相对位移判别法等其他方法进行辅助判断。

表3-7　洞室稳定性指标分级表

稳定等级	很差	差	较好	很好
稳定性指标 SI	$SI \geqslant 1.2$	$1.2 > SI \geqslant 1$	$1 > SI \geqslant 0.8$	$0.8 > SI$

以泰安抽水蓄能电站工程为背景，当岩体弹模取不同的值时，与其他固定条件组合可以得到不同的边墙最大水平位移值，进而得到不同情况下的稳定指标值。取不同的弹模计算时，均未出现计算不收敛的情况；计算结束时，也没有出现塑性区贯通的情况。结果见表 3-8。

表3-8　工况一在不同弹模下的稳定性指标

种类编号	I	II		III	IV	V
弹模区间划分/GPa	<5	5~15		15~25	25~35	>35
计算取值/GPa	5	10	15	20	30	40
最大位移值/mm	77.97	36.54	21.81	13.84	9.46	6.96
u_e/mm	47.60	23.80	15.90	11.90	7.93	5.95
θ	1.72	1.61	1.44	1.31	1.25	1.23
SI	1.20	1.11	0.99	0.90	0.86	0.85

（2）龙滩水电站。龙滩水电站由碾压混凝土重力坝、泄水建筑物、通航建筑物及地下发电厂房等组成。全地下式发电厂房主要建筑物包括：进水口、引水隧洞、主厂房、母线洞、主变室、调压井、尾水隧洞、交通洞、排水廊道、送风廊道、出线平台、GIS开关站、中控楼、电缆竖井等。主要地下工程在初期建设时，一次性开挖完成。龙滩水电站输水发电系统规模巨大，地下洞室群纵横交错，总开挖量约380万 m³。9台机组布置在同一厂房内，总装机容量4 500 MW。主厂房、主变室、调压井依次平行排列，在地下构成复杂的地下洞室群。其主要岩体力学参数和开挖分层见表3-9和图3-6。不同弹模计算结果见表3-10。

表3-9　厂房区岩体物理力学参数建议值表

岩　　层	变形模量/GPa	泊松比	黏结力/MPa	内摩擦系数	抗拉强度 MPa	容重/(kN/m³)
微风化~新鲜砂岩	15.00	0.25	2.40	1.30	1.30	27.30
弱风化砂岩泥板岩互层	5.00	0.28	1.18	0.80	0.80	26.80
强风化泥板岩	0.70	0.34	0.29	0.55	0.08	25.50
断层	0.50	0.34	0.05	0.30	0	20.00
层理	1.00	0.34	0.05	0.30	0	20.00

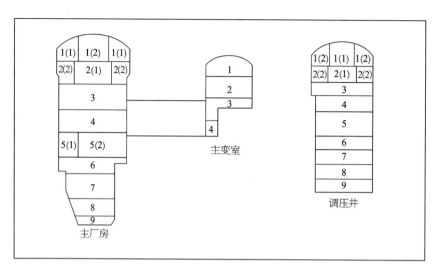

图3-6　洞室布置及分层开挖示意

表3-10　工况二在不同弹模下的稳定性指标

种类编号	Ⅰ	Ⅱ		Ⅲ	Ⅳ	Ⅴ
弹模区间划分/GPa	<5	5～15		15～25	25～35	>35
计算取值/GPa	5	10	15	20	30	40
最大位移值/mm	77.97	36.54	21.81	14.84	9.46	6.96
u_e/mm	47.60	23.80	15.90	11.90	7.93	5.95
θ	1.72	1.61	1.44	1.31	1.25	1.23
SI	1.34	1.07	1.03	0.97	0.91	0.87

　　通过模拟发现,当龙滩水电站地下厂房的弹模取到Ⅰ类(5 GPa)时,主厂房和主变室、主变室和调压井之间的塑性区已经大片相连,说明此时围岩状态已经很不稳定。

　　(3)琅琊山抽水蓄能电站。琅琊山抽水蓄能电站位于安徽省滁州市西南郊琅琊山北侧,地下厂房布置于蒋家洼与丰乐溪之间的条形山体内,为首部地下式厂房。主厂房、安装间及主变室呈一字形布置。厂房洞室开挖尺寸为

156.7 m×21.5 m×46.2 m(长×宽×高),电站水道系统长度约 1 400 m,另有通向厂房的交通洞、通风洞以及出线竖井等建筑物[60]。电站总装机容量 600 MW。当研究弹模对稳定风险的影响时,选取第一机组剖面进行模拟。弹模的区间划分同工况一(表 3-11 和图 3-7)。因工程中的实际弹模[61]为 13.0 GPa,所以在 Ⅱ：5~15 GPa 区间中添加 $E=13$ GPa 这一情况。所得侧壁最大水平位移见表 3-12。利用式(2-11)可求得该工程的相对位移比的临界判据值 θ_c 值为 1.25。

表 3-11　厂房区岩体物理力学参数建议值表

岩　　性	变形模量/GPa	泊松比	黏结力/MPa	内摩擦角/(°)	抗拉强度/MPa	容重/(kN/m³)
车水桶组、琅琊山组、灰岩	13.00	0.30	0.90	41	1.0	27.0
断层	2.00	0.35	0.02	20	0.0	26.5
岩脉	2.00	0.30	0.60	22	0.1	27.0

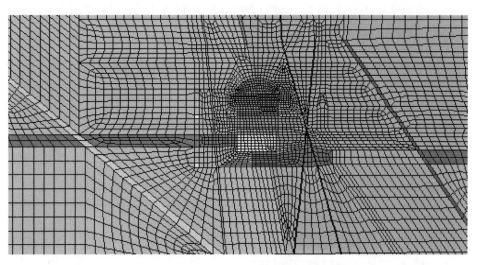

图 3-7　琅琊山计算模型剖面图

对于 Ⅳ 区间中的 $E=30$ GPa 的工况,由于 $SI=1.0$ 恰好处于分界线上,再利用相对位移判别法进行二次判断。

表 3-12　工况三在不同弹模下的稳定性指标

种类编号	I	II		III	IV	V
弹模区间划分/GPa	<5	5~15		15~25	25~35	>35
计算取值/GPa	5	10	13	20	30	40
最大位移值/mm	37.28	19.02	18.13	14.84	9.46	6.96
u_e/mm	24.6	12.3	9.5	6.2	4.1	3.0
θ	1.74	1.61	1.44	1.31	1.25	1.23
SI	1.39	1.29	1.15	1.05	1.00	0.98

定义判据 $\xi = u/h$，这对不同工程类型或不同埋深有不同数值，如龙滩工程类为

$$\xi_c = \begin{cases} 0.6 \times 10^{-3}, & H_0 \leqslant 300 \text{ m} \\ 0.9 \times 10^{-3}, & H_0 > 300 \text{ m} \end{cases} \qquad (3-21)$$

对类似于小浪底工程为不同的岩类，ξ_c 分别为 1.1×10^{-3}、0.5×10^{-3}、0.4×10^{-3} 或 0.2×10^{-3}；对类似于二滩工程则为 0.8×10^{-3}。

对于 ξ_c 的风险指标定义同前，即 $SI' = \dfrac{\xi}{\xi_c}$，稳定等级分级见表 3-13。

表 3-13　洞室稳定性指标分级表二

稳定等级	很差	差	较好	很好
稳定指标 SI'	$SI' \geqslant 1.2$	$1.2 > SI' \geqslant 1$	$1 > SI' \geqslant 0.8$	$0.8 > SI'$

对于 VI 类围岩中的 30 GPa 的工况进行判断，得 $SI' = 0.34$，综合两种判断方法，把该种工况划分为"稳定性较好"。

（4）双江口水电站。双江口水电站工程位于四川省阿坝州马尔康、金川县境内的大渡河上源足木足河与绰斯甲河汇口以下 2~6 km 河段。枢纽建筑物由土质心墙堆石坝、溢洪道、泄洪洞、放空洞、发电厂房、引水及尾水建筑物等组

成。地下厂房包括主厂房、主变室、尾水调压室、母线廊道、尾水洞、进入交通洞等洞室群,其中主厂房全长196 m、宽29.3 m、高63 m,水平埋深约420 m,垂直埋深321~498 m。

在该工程的模拟中,当岩体弹性模量取到5 GPa时,弹塑性计算出现了不收敛的情况,因此可以判断此时洞室围岩的稳定状态极差。主要岩体力学参数和地下厂房布置见表3-14和图3-8。不同弹模计算结果见表3-15。

表3-14　双江口地下洞室围岩物理力学性指标建议值表

类别	天然密度 ρ /(g/cm³)	单轴湿抗压 R_w /MPa	变形模量 E_0 /GPa	泊松比 μ	抗剪(断)强度		岩体单位弹性抗力系数 K_0 /(MPa/cm)
					f'	c' /MPa	
I	2.65	80~100	≥20	0.20	1.4~1.5	2.0~2.2	≥70
II	2.60	70~80	10~15	0.25	1.2~1.3	1.6~1.8	50~70
III	2.55	60~70	5~9	0.30	0.8~1.0	0.8~1.0	30~50
IV	2.35	30~40	2~4	0.35	0.6~0.8	0.3~0.5	10~30
V			0.25~0.35	>0.35	0.2~0.35	0.01~0.05	<10

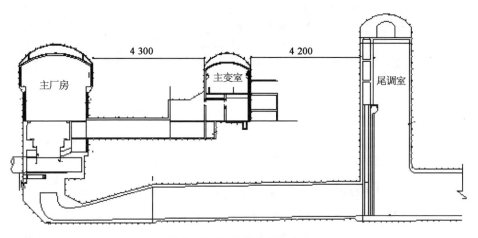

图3-8　地下厂房布置示意

表3-15　工况四在不同弹模下的稳定性指标

种类编号	Ⅰ	Ⅱ		Ⅲ	Ⅳ	Ⅴ
弹模区间划分/GPa	<5	5～15		15～25	25～35	>35
计算取值/GPa	5	10	15	20	30	40
最大位移值/mm		36.54	21.81	13.84	9.46	6.96
u_e/mm		43.5	31.6	21.8	15.8	10.8
θ		1.61	1.44	1.31	1.25	1.23
SI		0.98	0.95	0.89	0.82	0.77

（5）大岗山水电站。大岗山水电站地处青藏高原东南缘,向四川盆地过渡的川西南高山区中部,电站的地下厂房布置在左岸Ⅰ～Ⅲ线,由主厂房、主变室、尾水调压室三大地下洞室组成。三大洞室平行布置,垂直埋深390～520 m,水平埋深310～530 m,主厂房长227.8 m,宽31.2 m,高53.4 m,底板高程933.2 m。厂房区以Ⅱ、Ⅲ类围岩为主,岩体新鲜较完整,无较大规模的软弱结构面分布,厂区现有勘探发现有Ⅳ级结构面,为破碎带宽度数厘米的小断层,洞室围岩整体较稳定(表3-16和图3-9)。

表3-16　厂房区岩体物理力学参数建议值表

岩　类	干密度 ρ /(g/cm³)	湿抗压强度 R_b/MPa	变形模量 E_0/GPa	泊松比 μ	抗剪断强度	
					f'	c'/MPa
Ⅱ	2.65	70～80	20～29	0.25	1.3	2.0
Ⅲ	2.62	40～60	9～11	0.27	1.2	1.5
软弱结构面	2.45	<15	<1	>0.35	0.5	0.1

选取具有代表性的3号机组剖面进行模拟,通过研究地质资料发现大岗山水电站的地下厂房所处的围岩具有很大的不均匀性,厂房区岩体大部分是Ⅱ类围岩。3号机组主厂房发电机层以下属于Ⅲ类围岩,所以在 θ 计算出以后,乘以1.1的安全系数,然后再与 θ_c 相比较(根据计算得该工程的 $\theta_c=1.5$)。 地应力

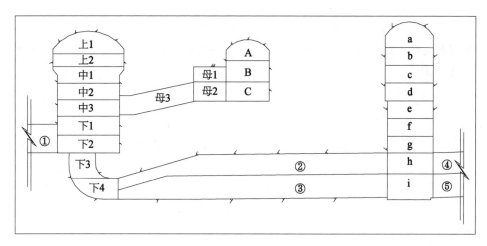

图 3-9　地下厂房布置示意

方面,两维分析洞室侧向的侧压系数为 1.0,轴向的侧压系数为 1.6。弹模区间划分同前,得到结果见表 3-17。

表 3-17　工况五在不同弹模下的稳定性指标

编　号	Ⅰ	Ⅱ	Ⅲ		Ⅳ	Ⅴ
弹模区间划分/GPa	<5	5~15	15~25		25~35	>35
计算取值/GPa	5	10	20	23.5	30	40
最大位移值/mm	99.04	48.40	21.56	19.03	13.63	9.51
u_e/mm	61.90	30.90	15.50	12.60	10.30	7.73
θ	1.74	1.72	1.53	1.51	1.42	1.23
SI	1.16	1.15	1.02	1.00	0.95	0.82

(6) 文登抽水蓄能电站。文登抽水蓄能电站位于山东省胶东地区文登区界石镇镜内。电站装机规模为 1 800 MW。电站枢纽由上水库、水道系统、地下厂房系统、下水库等组成。地下厂房采用主副厂房、主变洞、尾水闸门室三大洞室平行布置方式,主副厂房与主变洞之间净距 49 m,主变洞与尾水闸门室之间净距 23 m。三大洞室均采用城门洞形,主、副厂房的开挖尺寸为 220.5 m×

25 m×53 m(长×宽×高),主变洞的开挖尺寸为 215 m×19.9 m×23 m(长×宽×高),尾水闸门室的开挖尺寸为 145 m×8 m×13.5 m(长×宽×高)。地下洞室群的布置如图 3-10 所示。选 3 号机组剖面做准二维分析,计算结果见表 3-18 和表 3-19。

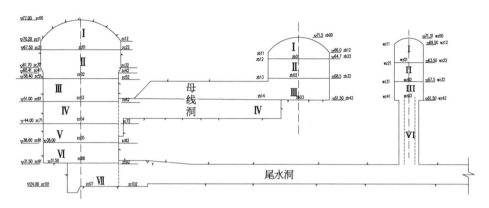

图 3-10　文登抽水蓄能电站地下厂房布置示意

表 3-18　厂房区岩体物理力学参数建议值表

岩　类	干密度 ρ /(g/cm³)	湿抗压强度 R_b/MPa	变形模量 E		泊松比 μ	抗剪断强度	
			水平/GPa			内摩擦角/(°)	c'/MPa
微风化岩体	2.63	120	40.0		0.20	48	1.200
Ⅲ	2.62	15	1.0		0.45	32	0.040
软弱结构面	2.45	12	0.5		0.45	22	0.025

表 3-19　工况六在不同弹模下的稳定性指标

种类编号	Ⅰ	Ⅱ		Ⅲ	Ⅳ	Ⅴ
弹模区间划分/GPa	<5	5~15		15~25	25~35	>35
计算取值/GPa	5	10	15	20	30	40
最大位移值/mm	77.97	36.54	21.81	13.84	9.46	6.96
u_e/mm	47.6	23.8	15.9	11.9	7.93	5.95

续　表

θ	1.72	1.61	1.44	1.31	1.25	1.23
SI	1.29	1.22	1.21	1.17	1.02	0.96

(7) 瀑布沟水电站。瀑布沟水电站位于长江流域岷江水系的大渡河中游,是一座以发电为主,兼有漂木、防洪等综合利用任务的大型水利水电工程。水电站装机规模 330 万 kW。地下厂房洞室群由主厂房、主变室、尾水闸门室、尾水隧洞和引水隧洞组成。地下厂房深埋于左岸山体内,埋深 220~360 m。地下厂房洞室结构纵横交错,洞室结构巨大。地下厂房洞室群位于坝轴线下游左岸花岗岩山体中,以 Ⅰ、Ⅱ 类围岩为主,主厂房尺寸 290.65 m×27.3 m×66.68 m(长×宽×高),吊车梁以上的宽度达到 32.4 m。在主厂房的下游平行布置主变室和尾水闸门室。厂区岩体岩性单一,无大的断裂切割,结构面主要是Ⅲ、Ⅳ级的小断层和节理裂隙。经计算,θ_c = 1.4。主要岩体力学参数和地下厂房布置见表 3-20 和图 3-11。不同弹模计算结果见表 3-21。

各种工况下不同弹模时稳定性指标汇总如图 3-12 所示。

表 3-20　厂房区岩体物理力学参数建议值表

岩体类别及其特征	密度 ρ/(g/cm³)	变形指标				强度指标				渗流系数 K/(m/s)
		变形模量 E_0/GPa	泊桑比 μ	弹性抗力系数 K_0/(kN/cm³)	坚固系数 f	岩石/岩石		结构面		
						$\tan \varphi'$	c'/MPa	$\tan \varphi$	c/MPa	
Ⅰ	2.66	27~30	0.18	8~12	8~10	1.6	3.0	0.77	0	
Ⅱ	3.07	12~18	0.23	5~7	6~7	1.35	2.0	0.70	0	10^{-4}~10^{-5}
Ⅲ	2.88	6~10	0.27	4~5	3~5	1.1	1.2	0.60	0	10^{-4}~10^{-5}
Ⅳ	2.71	3~5	0.27	2~3	1~3	0.84	0.6	0.55	0	10^{-4}~10^{-2}
Ⅴ		<1.0	0.35	0.5~1	1~1.5			0.3~0.4	0	>10^{-2}

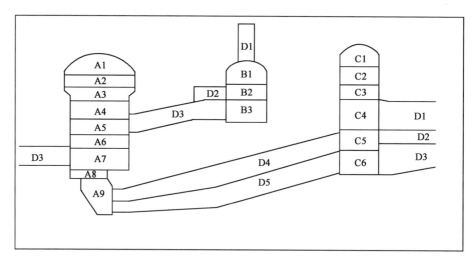

图 3-11　瀑布沟水电站地下厂房布置示意

表 3-21　工况七在不同弹模下的稳定性指标

种类编号	I	II		III	IV	V
弹模区间划分/GPa	<5	5～15		15～25	25～35	>35
计算取值/GPa	5	10	15	20	30	40
最大位移值/mm	77.97	36.54	21.81	14.84	9.46	6.96
u_e/mm	47.60	23.80	15.90	11.90	7.93	5.95
θ	1.72	1.61	1.44	1.31	1.25	1.23
SI	1.11	0.95	0.91	0.81	0.74	0.70

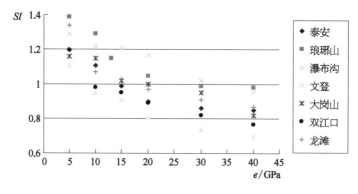

图 3-12　各种工况下不同弹模时稳定性指标汇总

2) 因素 B2 黏聚力的隶属度

岩体最重要的力学性质之一是抗剪强度。构成岩体抗剪强度的因素是多方面的,一般可以用库仑准则来描述,岩体的黏聚力 c 和内摩擦角 φ 就可以表征抗剪强度。岩体结构性和非均质性决定了抗剪强度 c、φ 是各个因素作用下的一个综合值,由于影响因素繁多、机理复杂和工程地质条件的复杂性,抗剪强度参数具有很强的模糊性。岩体本身所赋存的地质环境条件,包括岩性、岩体结构、风化程度、地应力大小、节理裂隙发育情况等都会对岩体的抗剪强度有很大的影响。

对黏聚力取值区间进行分类,见表 3-22。

表 3-22　岩体黏聚力取值分类表

编　　号	Ⅰ	Ⅱ	Ⅲ	Ⅳ	Ⅴ
黏聚力/MPa	<0.5	0.5~1	1~1.5	1.5~2.0	>2

在保持各工况其他各种参数不变的情况下,分别配以不同的内摩擦角进行模拟计算,判别条件同前。

由于所选的判据 1 没有考虑黏聚力的变化,为安全起见,对于风险指标 $SI<1$ 的情况,即判断出围岩为"中风险、微风险"情况时,利用判据 2 再进行一次判断,如果风险指标 SI 仍然小于 1,那维持原结果;如果大于 1,就应该对判断结果进行修正,或再利用其他判据再进行一次核实。

利用第 2 章中提到的判据——相对位移判别法再判断一遍。

定义判据 $\xi_2 = u/h$,这对不同工程类型或不同埋深有不同数值,如龙滩工程类为 ξ_{c2} 为

$$\xi_{c2} = \begin{cases} 0.6 \times 10^{-3}, & H_0 \leqslant 300 \text{ m} \\ 0.9 \times 10^{-3}, & H_0 > 300 \text{ m} \end{cases} \quad (3-22)$$

对类似于小浪底工程,不同的岩类的 ξ_{c2} 分别为 1.1×10^{-3}、0.5×10^{-3}、0.4×10^{-3} 或 0.2×10^{-3};对类似于二滩工程则为 0.8×10^{-3}。该判据下的稳定性指标定义为 $SI = \dfrac{\xi}{\xi_c}$。各个工况下计算结果见表 3-23~表 3-29,各种工况下不同黏聚力时稳定性指标汇总如图 3-13 所示。

表 3-23 工况一在不同黏聚力下的稳定性指标

种类编号	I	II		III	IV	V
区间划分/MPa	<0.5	0.5~1		1~1.5	1.5~2.0	>2.0
计算取值/MPa	0.5	0.6	1.0	1.2	1.7	2.2
最大位移值/mm	25.33	24.32	21.81	20.17	18.35	16.08
θ	1.59	1.53	1.44	1.31	1.15	1.06
SI	1.15	1.05	0.99	0.90	0.79	0.73
备注	$u_e = 15.9 \text{ mm}$ $\xi_{c1} = 1.45$ $\xi_{c2} = 0.6 \times 10^{-3}$					

表 3-24 工况二在不同黏聚力下的稳定性指标

种类编号	I	II	III	IV	V	
区间划分/MPa	<0.5	0.5~1	1~1.5	1.5~2.0	>2.0	
计算取值/MPa	0.4	0.6	1.0	1.7	2.0	2.4
最大位移值/mm	47.32	45.03	43.29	40.32	39.87	38.66
θ	1.70	1.65	1.59	1.48	1.46	1.42
SI	1.30	1.20	1.15	1.07	1.06	1.03
备注	$u_e = 27.2 \text{ mm}$ $\theta_c = 1.38$ $\xi_{c2} = 0.6 \times 10^{-3}$					

表 3-25 工况三在不同黏聚力下的稳定性指标

种类编号	I	II		III	IV	V
区间划分/MPa	<0.5	0.5~1		1~1.5	1.5~2.0	>2.0
计算取值/MPa	0.4	0.6	0.9	1.5	2.0	2.5
最大位移值/mm	20.34	19.64	18.13	15.32	12.91	10.08
θ	2.10	2.07	1.91	1.61	1.36	1.06
SI	1.70	1.65	1.53	1.29	1.09	0.85
备注	$u_e = 9.5 \text{ mm}$ $\theta_c = 1.25$ $\xi_{c2} = 0.6 \times 10^{-3}$					

表 3-26　工况四在不同黏聚力下的稳定性指标

种类编号	I	II	III	IV	V	
区间划分/MPa	<0.5	0.5～1	1～1.5	1.5～2.0	>2.0	
计算取值/MPa	0.4	0.6	1.0	1.7	2.1	2.5
最大位移值/mm	46.5	35.2	33.8	31.2	29.1	27.6
θ	2.10	1.61	1.55	1.43	1.33	1.19
SI	1.40	1.08	1.03	0.95	0.89	0.80
备注	$u_e = 21.8\,\text{mm}$　　$\theta_c = 1.50$　　$\xi_{c2} = 0.9 \times 10^{-3}$					

表 3-27　工况五在不同黏聚力下的稳定性指标

种类编号	I	II	III	IV	V	
区间划分/MPa	<0.5	0.5～1	1～1.5	1.5～2.0	>2.0	
计算取值/MPa	0.5	0.8	1.2	1.7	2.0	2.5
最大位移值/mm	25.6	23.8	22.2	20.8	19.3	17.7
θ	2.0	1.89	1.76	1.65	1.55	1.40
SI	1.30	1.22	1.14	1.07	1.0	0.91
备注	$u_e = 12.6\,\text{mm}$　　$\theta_c = 1.55$　　$\xi_{c2} = 0.9 \times 10^{-3}$					

表 3-28　工况六在不同黏聚力下的稳定性指标

种类编号	I	II	III	IV	V
区间划分/MPa	<0.5	0.5～1	1～1.5	1.5～2.0	>2.0
计算取值/MPa	0.5	0.8	1.2	1.7	2.5
最大位移值/mm	17.4	16.8	13.2	14.1	11.5
θ	1.60	1.58	1.34	1.23	1.07
SI	1.20	1.17	0.99	0.91	0.80
备注	$u_e = 10.61\,\text{mm}$　　$\theta_c = 1.35$　　$\xi_{c2} = 0.6 \times 10^{-3}$				

表3-29　工况七在不同黏聚力下的稳定性指标

种类编号	I	II	III	IV	V	
区间划分/MPa	<0.5	0.5~1	1~1.5	1.5~2.0	>2.0	
计算取值/MPa	0.3	0.9	1.3	1.8	2.0	2.5
最大位移值/mm	34.3	32.0	30.1	28.2	27.7	24.3
θ	1.50	1.39	1.30	1.23	1.20	1.06
SI	1.10	1.01	0.94	0.89	0.87	0.77
备注	$u_e = 23 \text{ mm}$　　$\theta_c = 1.38$　　$\xi_{c2} = 0.6 \times 10^{-3}$					

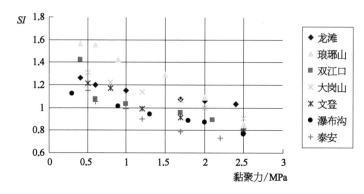

图3-13　各种工况下不同黏聚力时稳定性指标汇总

3）断层质量

断层是岩体中结构面的一种,对岩体有较大影响,破坏常受这种结构面控制。结构面的状态对岩体工程性质的影响是指结构面的产状、形态、延展尺度、发育程度和密集程度等对岩体强度和工程稳定性的影响。结构面中各因素中对围岩稳定影响比较大的是不连续面的长度、粗糙度和不连续组数。本书中主要研究结构面形态,指在结构面的内摩擦角和黏聚力控制下的抗滑力对洞室稳定性的影响。为了方便比较,选取断层影响比较明显的工况一、二、三、七中的地下厂房进行模拟,另外还选取了猴子岩水电站。

猴子岩水电站位于四川省甘孜藏族自治州康定市境内,地处大渡河上游孔玉乡附近约6 km的河段上。正常蓄水位1 842 m,电站总装机容量1 700 MW。地下厂房有主厂房、主变室、尾水调压室等,主厂房全长224.4 m、宽29.9 m、高

67.875 m,水平埋深 258~462 m,垂直埋深 403~655 m。猴子岩地下洞室围岩物理力学指标见表 3-30。

表 3-30　猴子岩地下洞室围岩物理力学指标建议值表

围岩类别	密度/(g/cm³)	湿抗压强度 R_w/MPa	变形模量 E_0/GPa	泊松比 μ	岩体抗剪断强度		岩体单位弹性抗力系数 K_0/(MPa/cm)	岩石坚固系数 f_k
					f'	c'/MPa		
II	2.83	120~130	10~15	0.23	1.0~1.2	1.0~1.4	40~50	5~6
III₁	2.80	80~100	8~10	0.25	0.7~1.0	0.8~1.0	35~40	4~5
III₂	2.75	60~80	5~8	0.30	0.7~0.8	0.6~0.8	30~35	3~4
IV	2.70	40~50	3~5	0.35	0.5~0.7	0.2~0.5	15~30	2~3
V	2.50	<30	1~3	>0.35	0.3~0.5	0.05~0.2	≤5	<1

结构面的内摩擦角和黏聚力组合分区见表 3-31,模拟结果见表 3-32。不同断层参数下各工况稳定性指标计算结果如图 3-14 所示。

表 3-31　岩体断层参数取值分类表

编号	I	II	III	IV	V
内摩擦角/(°)	<12	12~22	22~31	31~39	>39
摩擦系数	<0.2	0.2~0.4	0.4~0.6	0.6~0.8	>0.8
黏聚力/MPa	<0.05	0.05~0.1	0.1~0.3	0.3~0.5	>0.5

表 3-32　不同断层参数下各工况稳定性指标计算结果

水电站	种类编号		I	II	III	IV	V
泰安抽水蓄能水电站	计算取值	φ	10	15	22	27	35	40
		c	0.05	0.1	0.2	0.3	0.4	0.5
	SI		1.10	0.97	0.91	0.89	0.87	0.77

续　表

水　电　站	种类编号		Ⅰ	Ⅱ	Ⅲ	Ⅳ	Ⅴ
龙滩水电站	计算取值	φ	10	15	29	35	40
		c	0.05	0.1	0.35	0.4	0.5
	SI		1.06	0.95	0.85	0.82	0.80
琅琊山水电站	计算取值	φ	10	20	30	38	45
		c	0.02	0.15	0.3	0.4	0.6
	SI		1.21	1.06	0.93	0.81	0.77
瀑布沟水电站	计算取值	φ	10	20	30	38	45
		c	0.02	0.1	0.3	0.4	0.5
	SI		1.24	1.03	0.96	0.79	0.76
猴子岩水电站	计算取值	φ	10	20	26	38	45
		c	0.02	0.1	0.2	0.4	0.5
	SI		1.25	1.21	1.10	1.02	0.97

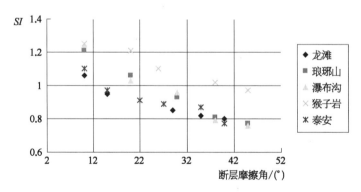

图 3-14　不同断层参数下各工况稳定性指标计算结果汇总

4) 侧压系数

岩体的赋存环境对岩体的力学性质影响很大,地应力就是岩体赋存环境中影响最大的因素。侧压系数和埋深直接决定洞室群所处位置的水平地应力。

在接近各向等压的情况下,围岩的稳定性最佳。随着侧压系数的增大或减小,围岩都将趋于不稳定。国内侧压系数小于 1 的地质条件很少有,一般情况下,水平地应力都会大于自重应力,所以本书只讨论侧压系数大于等于 1 的情况。侧压系数取值分类见表 3-33;不同侧压系数下各工况稳定性指标计算结果见表 3-34 和图 3-15。

表 3-33　侧压系数取值分类表

编　　　号	I	II	III	IV	V
侧压系数	<1	1~1.5	1.5~2.0	2.0~2.5	>2.5

表 3-34　不同侧压系数下各工况稳定性指标计算结果

	种类编号	I	II		III	IV	V
工程一	计算取值	1.00	1.20	1.50	1.70	2.20	2.50
	SI	1.02	0.99	0.93	0.92	0.79	0.77
工程二	计算取值	1.00	1.20	1.50	1.70	2.20	2.50
	SI	1.14	1.12	1.06	1.03	0.83	0.80
工程三	计算取值	1.00	1.22	1.50	1.70	2.20	2.50
	SI	1.19	1.15	1.12	1.06	0.97	0.93
工程四	计算取值	1.00	1.22	1.50	1.70	2.20	2.50
	SI	0.89	0.85	0.81	0.78	0.74	0.73
工程五	计算取值	1.00	1.22	1.50	1.70	2.20	2.50
	SI	1.05	1.02	0.99	0.95	0.89	0.87
工程六	计算取值	1.00	1.28	1.50	1.70	2.20	2.50
	SI	1.19	0.96	0.92	0.92	0.83	0.79
工程七	计算取值	1.00	1.22	1.50	1.70	2.20	2.50
	SI	0.96	0.89	0.82	0.81	0.73	0.68

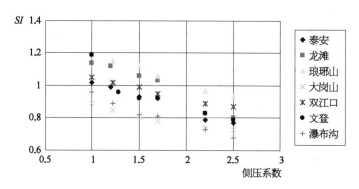

图 3-15　不同侧压系数下各工况稳定性指标计算结果汇总

5）开挖顺序

大型地下洞室的施工过程在力学上是一个复杂的非线性行为,是一个在时间和空间上不断变化的过程。通过仔细研究可以发现,工程的开挖与支护都是对围岩施加一种荷载,都是对围岩的不同部位进行反复的加卸载。一般而言,开挖洞室围岩总是同时存在加载区和卸载区,这两个区域往往是成对相隔分布,其分布方位与初应力场的主向相关。地下厂房的施工建设是一个长期持续的过程,合理布置洞群的支护参数对工程的顺利施工和围岩的稳定性有极其重要的意义。

由于地下洞室群大多由主厂房、副厂房、主变室、尾水调压井、安装间、交通洞、母线洞、引水隧洞、尾水洞等多个洞室或隧道组成,因此其开挖顺序往往也是多种多样,现挑选工程上经常采用的三种开挖方式以主厂房、主变室、调压井等主要厂房进行模拟:① 相邻的三大洞室同时开挖;② 两边的洞先开挖,进行到中部时,再开挖中间洞室(如在泰安抽水蓄能电站中,先开挖主厂房和尾水调压井,后开挖主变室);③ 先开挖两侧的洞室,接近完成时,即进行到下部时,再开挖中间洞室。模拟结果见表3-35和图3-16,结果发现,工序2和工序3差别不大,但是一般都比工序1效果好。

表 3-35　不同开挖顺序下各工况稳定性指标计算结果

开 挖 方 式	1	2	3
泰安	0.99	0.89	0.87
龙滩	1.07	1.03	1.04

续　表

开 挖 方 式	1	2	3
大岗山	0.94	0.89	0.88
双江口	1.00	0.95	0.97
文登	0.94	0.96	0.95
瀑布沟	0.87	0.81	0.81

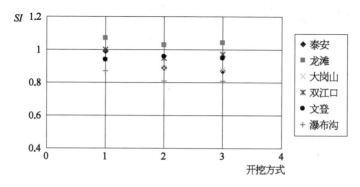

图 3-16　不同开挖顺序下各工况稳定性指标计算结果汇总

6）开挖步高度

在地下洞室群的施工中，由于断面尺寸大、交叉口多，洞室围岩的挖空率高，围岩的稳定受开挖施工的影响比较明显。在实际施工中，每个洞室多依照自上而下，分层分块开挖支护，逐步成型的原则进行，每层施工完毕后，再进入下一个循环。特别是高应力区开挖中，应减小每步的开挖量，并且及时进行锚喷支护，从而减小围岩的破坏。开挖分层主要取决于以下几个因素：① 地下建筑物结构特点和施工设备；② 下层施工侧施工合理程度；③ 有利于加快开挖进度；④ 开挖爆破规模及安全控制要求。

为了能借用前面研究中已经建好的模型，在本小节的开挖步高度划分中，就不能随便按照 5 m、10 m 等具体数值来计算，而是按照原工程中已经划分好的开挖步进行组合，基本上按照主厂房的四种情况进行分类，即原设计的开挖步、每次开挖两步、每次开挖一半以及每次全断面开挖。比如，在泰安抽水蓄能电站中，主厂房共分六步进行开挖，每一步的高度是 8~10 m，按照上述高度分区设定，分以下四种情况进行模拟：① 分六步开挖，分别为 8 m、8 m、8 m、5 m、

10 m、13 m;② 分三步开挖,分别为 16 m、13 m、23 m;③ 分两步开挖,分别为
24 m、28 m;④ 一步开挖:52 m。主变室和尾水调压井的开挖高度也随主厂房
开挖步的调整而随之调整。按照开挖步的四种情况进行厂房开挖高度分区(表
3-36),这样每种工况就没有具体的取值,只有大体范围,如上述泰安水电站的
这四种工况就分别属于表中的Ⅰ、Ⅱ、Ⅲ、Ⅳ区间。开挖步高度不同时各工况稳
定性指标计算结果如图 3-17 所示。

表 3-36　开挖步高度不同时各工况稳定性指标计算结果

编　号	Ⅰ	Ⅱ	Ⅲ	Ⅳ	Ⅴ
开挖步高度/m	<10	10~25	25~40	40~60	>60
泰安	0.99	1.09	1.16	1.21	
龙滩	1.03	1.15	1.21	1.26	1.29
琅琊山	1.15	1.22	1.31	1.34	
大岗山	0.89	0.92	0.98	1.06	
双江口	1.00	1.06	1.13	1.17	
文登	0.96	1.05	1.09	1.13	
瀑布沟	0.81	0.96	0.99	1.04	1.09

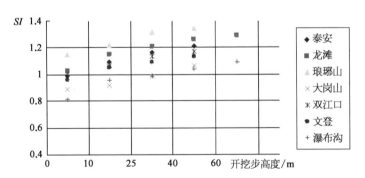

图 3-17　开挖步高度不同时各工况稳定性指标计算结果汇总

7) B7 埋深

主厂房的埋深主要取决于工程地质条件和厂区枢纽总体布置。地下洞室

上覆岩层的厚度,随着岩体的完整性、物理力学性质和布置上的要求,变化较大。地下洞室群的埋深直接影响洞室的上覆荷载和初始地应力,所以不同条件的埋深对洞室稳定的影响还是比较大的。本书中埋深是指洞室群中的主厂房埋深。在数值模拟中,采用模型顶部施加竖直方向荷载的方法来模拟洞室群埋深的变化。本小节对洞室埋深的区间划分及计算结果见表 3-37 和图 3-18。

表 3-37　不同埋深下各工况稳定性指标计算结果

编　号		Ⅰ	Ⅱ	Ⅲ	Ⅳ	Ⅴ
埋深/m		<150	150~250	250~350	350~450	>450
泰安	计算取值	100	200	340	400	500
	SI	0.87	0.91	0.99	1.00	1.06
龙滩	计算取值	100	200	300	400	500
	SI	0.98	1.03	1.08	1.14	1.16
琅琊山	计算取值	100	150	300	400	500
	SI	1.13	1.15	1.19	1.22	1.24
大岗山	计算取值	100	200	300	400	450
	SI	0.75	0.80	0.84	0.87	0.89
双江口	计算取值	100	200	300	400	450
	SI	0.89	0.95	0.98	1.00	1.02
文登	计算取值	100	200	350	400	450
	SI	0.85	0.91	0.96	0.97	0.98
瀑布沟	计算取值	100	200	300	400	450
	SI	0.75	0.79	0.81	0.84	0.85

8) 洞室高度

洞室高度增加时,两侧壁的位移会随之增加,围岩中的应力状态也会恶化。通过研究在建和已建的地下厂房发现,厂房的高度主要集中在 45~70 m,高度

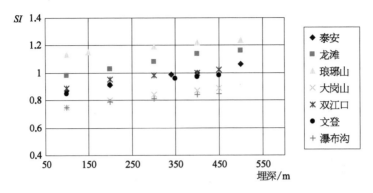

图 3-18　不同埋深下各工况稳定性指标计算结果汇总

取值区间划分见表 3-38,这里的高度主要是主厂房的高度。因为研究厂房的高度要通过改变模型来实现,所以只研究了其中几个,此因素中采用相对位移比判据,稳定性系数为 SI'。不同洞室高度下各工况稳定性指标计算结果如图 3-19 所示。

表 3-38　不同洞室高度下各工况稳定性指标计算结果

编　号		I	II	III	IV
厂房高度/m		<40	40~55	55~70	>70
泰安	计算取值	40	52	60	75
	SI'	0.63	0.79	0.92	1.14
龙滩	计算取值		50	65	77.3
	SI'		0.76	0.81	0.89
大岗山	计算取值	40	53.4	65	75
	SI'	0.70	0.82	0.94	1.06
琅琊山	计算取值		46.2	60	70
	SI'		0.80	0.96	1.06
瀑布沟	计算取值	40	50	66.7	75
	SI'	0.51	0.66	0.78	0.87

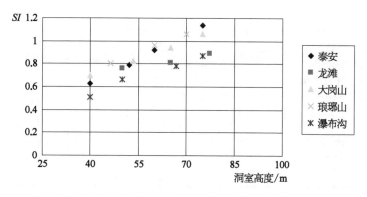

图 3-19　不同洞室高度下各工况稳定性指标计算结果汇总

9) 洞室间距

由于地下洞室往往以洞群的形式出现，每个洞室都会受到相邻洞室的影响，洞室间距越小，其他相邻洞室受到的开挖、爆破等方面的扰动就会越大。要决定主变室和主厂房之间的间距时，既要考虑缩短母线长度，节省母线和土建投资，减少运行期母线的电能损耗，又要考虑实际地质条件和洞室规模。当主变室与厂房间的岩柱厚度过小时，厂房和主变室间的岩柱破坏体积加大，破坏区区域贯通。

本书中的洞室间距变化主要是指主厂房和主变室之间的间距。因为改变洞室间距需要通过修改模型来实现，所以只选取了其中几个工况来计算，计算结果见表 3-39 和图 3-20。

表 3-39　洞室间距变化时各工况稳定性指标计算结果

编　　号		Ⅰ	Ⅱ	Ⅲ	Ⅳ
洞室间距/m		＜30	30～40	40～50	＞50
泰安	计算取值	30	35	45	55
	SI	0.92	0.99	0.95	0.94
龙滩	计算取值		33	43	53
	SI		1.01	1.03	0.99
大岗山	计算取值	30	37.5	47.5	
	SI	0.93	0.92	0.89	

编　　号		I	II	III	IV
双江口	计算取值	22	32	42	52
	SI	1.24	1.18	1.15	1.14
瀑布沟	计算取值	30	40	50	
	SI	1.05	1.10	1.13	

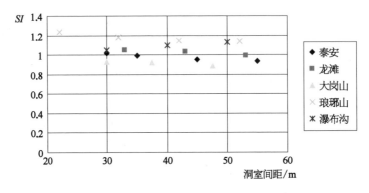

图 3-20　洞室间距变化时各工况稳定性指标计算结果汇总

10) 锚杆长度

根据给出的锚索和锚杆的密度、长度、间距等,在二维和准三维计算中按模型的厚度都进行了等效换算,并乘以相应的修正系数。在锚杆密集处,将两根锚杆合并为一根处理,但其截面积应做相应修正,以减少计算工作量。间隔布置的系统锚杆取平均值。

系统锚杆对围岩参数提高的影响,根据笔者以前所做大量模型试验的结果,给出了如下推算公式

$$c_n = c_0 + \eta \frac{\tau S}{ab}; \quad \varphi_n = \varphi_0 \qquad (3-23)$$

式中　c_0、φ_0——原岩体的黏聚力和内摩擦角;

　　　c_n、φ_n——锚固岩体的黏聚力和内摩擦角;

τ、S ——锚杆材料的抗剪强度及横截面积;

a、b——锚杆的纵、横向间距;

η——综合经验系数,一般可取 2～5。

运用 SI 对稳定性进行判断时,保持锚固修正系数不变。不同锚杆长度下各工况稳定性指标计算结果见表 3-40 和图 3-21。

表 3-40　不同锚杆长度下各工况稳定性指标计算结果

编　　号		Ⅰ	Ⅱ	Ⅲ	Ⅳ	Ⅴ
锚杆长度/m		4	5	6	7	>7
工况 SI	泰安	0.98	0.99	0.99		1.01
	龙滩	1.01	1.01	1.03		1.05
	琅琊山	1.15	1.17	1.17	1.18	
	大岗山	0.85	0.85	0.86	0.90	0.89
	双江口	0.97	1.01	1.01	1.0	1.02
	文登	0.94		0.96	0.97	0.97
	瀑布沟	0.80		0.81		0.84

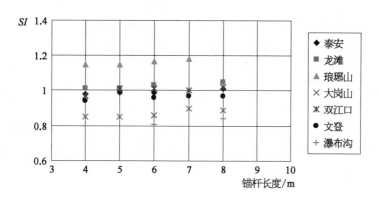

图 3-21　不同锚杆长度下各工况稳定性指标计算结果汇总

11) 锚杆间距

不同锚杆间距下各工况稳定性指标计算结果见表 3-41 和图 3-22。

表 3-41 不同锚杆间距下各工况稳定性指标计算结果

编 号	Ⅰ	Ⅱ	Ⅲ	Ⅳ	Ⅴ
锚杆间距/(m×m)	1.0×1.0	1.5×1.5	2.5×2.5	3.5×3.5	>3.5
泰安	0.75	0.84	0.99	1.02	1.05
龙滩	1.01	1.03	1.16	1.19	1.21
琅琊山	0.95	1.01	1.15	1.21	1.24
大岗山	0.82	0.89	0.95	1.01	1.03
双江口	0.87	0.91	1.00	1.05	1.07
文登	0.94	0.96	1.03	1.07	1.09
瀑布沟	0.78	0.81	0.92	0.98	1.01

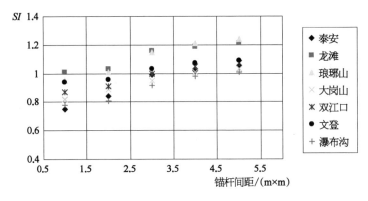

图 3-22 不同的锚杆间距下各工况稳定性指标计算结果汇总

根据以上数值模拟结果组成的表,可以得到任何一个地下洞室隶属度,对 11 个着眼因素集中的 $b_i(i=1, 2, \cdots, 11)$ 做单因素判断,从因素 b_i 着眼确定该因素对风险等级 $V_j = \{v_1 v_2 v_3 v_4\}$ 的隶属度 r_{ij},由此得到 b_i 的单因素评判集 $b_i = \{b_{i1} b_{i2} b_{i3} b_{i4}\}$,即评语集合 V 上的模糊子集。由此可构造出一级模糊关系矩阵 R

$$R_1 = \begin{bmatrix} r_{11} & r_{12} & r_{13} & r_{14} \\ r_{21} & r_{22} & r_{23} & r_{24} \\ r_{31} & r_{32} & r_{33} & r_{34} \\ r_{41} & r_{42} & r_{43} & r_{44} \end{bmatrix} \qquad R_2 = \begin{bmatrix} r_{51} & r_{52} & r_{53} & r_{54} \\ r_{61} & r_{62} & r_{63} & r_{64} \end{bmatrix}$$

$$\boldsymbol{R}_3 = \begin{bmatrix} r_{71} & r_{72} & r_{73} & r_{74} \\ r_{81} & r_{82} & r_{83} & r_{84} \\ r_{91} & r_{92} & r_{93} & r_{94} \end{bmatrix} \quad \boldsymbol{R}_4 = \begin{bmatrix} r_{10.1} & r_{10.2} & r_{10.3} & r_{10.4} \\ r_{11.1} & r_{11.2} & r_{11.3} & r_{11.4} \end{bmatrix}$$

权重向量 A 在 3.2 节中已经确定。对于 A1,B 因素的权重向量 $w_1 =$ (0.47,0.31,0.14,0.08),定义一级输出向量为 M,由因素 A1 的单因素评判矩阵为

$$\boldsymbol{M}_1 = \boldsymbol{w}_1 \boldsymbol{R}_1 = \{m_1, m_2, m_3, m_4\}$$

以此类推,可得 A 层次的其他因素 A2、A3、A4 的输出模糊向量 $\boldsymbol{M}_2$、$\boldsymbol{M}_3$、$\boldsymbol{M}_4$ 等,其中每个分向量的大小反映了该地下洞室群因素的风险程度。

3.3.2.3　构造多级模糊评判

由因素"A1 岩体质量""A2 施工过程""A3 几何尺寸""A4 支护参数"的单因素评判集构成二级模糊综合评判矩阵,即由一级输出模糊向量矩阵组成二级模糊关系矩阵

$$\boldsymbol{R}_5 = (\boldsymbol{M}_1 \boldsymbol{M}_2 \boldsymbol{M}_3 \boldsymbol{M}_4)^{\mathrm{T}} = \begin{bmatrix} m_{11} & m_{12} & m_{13} & m_{14} \\ m_{21} & m_{22} & m_{23} & m_{24} \\ m_{31} & m_{32} & m_{33} & m_{34} \\ m_{41} & m_{42} & m_{43} & m_{44} \end{bmatrix}$$

A 层次的权重向量 $w_A = (0.54, 0.15, 0.23, 0.08)$,则二级输出向量 $\boldsymbol{M}_5 = w_5 \boldsymbol{R}_5$,将运算结果归一化后得总的综合评判集 (m'_1, m'_2, m'_3, m'_4)。

3.3.3　确定稳定等级

由所得结果可知,所研究的地下洞室稳定性属于"极差、差、较好、很好"的可能性分别为 m'_1、m'_2、m'_3、m'_4,根据最大隶属度原则就可以判断洞室围岩稳定性属于何种等级,或者说破坏的概率属于何种风险等级。

本节应用前几节讲述的方法,对泰安抽水蓄能电站地下厂房失稳概率进行分析。泰安抽水蓄能电站的工程概况、岩体物理力学参数、地质情况、施工、支护情况均在前已有详细描述,在此不再赘述。

根据各项指标在前面的"模糊数据库"中找到各个指标对评价集 V 的隶属度。如 B1 弹模,地下洞室群的弹模为 12 MPa,得 B1 的单因素评价集 $b_1 =$

$\left\{0 \quad \dfrac{3}{7} \quad \dfrac{4}{7} \quad 0\right\}$，同理可得其他指标的单因素评价集，由此可构造出一级模糊矩阵

$$R_1 = \begin{bmatrix} 0 & 0.5 & 0.5 & 0 \\ 0.13 & 0.38 & 0.5 & 0 \\ 0 & 0.2 & 0.8 & 0 \\ 0 & 0.36 & 0.64 & 0 \end{bmatrix} \quad R_2 = \begin{bmatrix} 0 & 0.43 & 0.57 & 0 \\ 0 & 0.29 & 0.71 & 0 \end{bmatrix}$$

$$R_3 = \begin{bmatrix} 0 & 0.29 & 0.71 & 0 \\ 0 & 0 & 0.4 & 0.6 \\ 0 & 0.6 & 0.4 & 0 \end{bmatrix} \quad R_4 = \begin{bmatrix} 0 & 0.43 & 0.57 & 0 \\ 0 & 0.57 & 0.43 & 0 \end{bmatrix}$$

对于 A1,B 因素的权重向量 $w_1 = (0.47, 0.31, 0.14, 0.08)$，则因素 A1 的单因素评判矩阵为

$$M_1 = w_1 R_1 = \{m_1, m_2, m_3, m_4\}$$

$$= (0.47, 0.31, 0.14, 0.08) \begin{pmatrix} 0 & 0.5 & 0.5 & 0 \\ 0.13 & 0.38 & 0.5 & 0 \\ 0 & 0.2 & 0.8 & 0 \\ 0 & 0.36 & 0.64 & 0 \end{pmatrix}$$

$$= (0.04, 0.41, 0.55, 0)$$

同理，可求得

$$M_2 = (0, 0.33, 0.68, 0)$$

$$M_3 = (0, 0.35, 0.60, 0.05)$$

$$M_4 = (0, 0.55, 0.45, 0)$$

即由 M_1、M_2、M_3、M_4 一级输出模糊向量矩阵组成二级模糊关系矩阵

$$R_5 = (M_1 M_2 M_3 M_4)^{\mathrm{T}} = \begin{pmatrix} 0.04 & 0.41 & 0.55 & 0 \\ 0 & 0.33 & 0.68 & 0 \\ 0 & 0.35 & 0.60 & 0.05 \\ 0 & 0.55 & 0.45 & 0 \end{pmatrix}$$

前面已经求出权重向量 $w_5 = (0.54, 0.15, 0.23, 0.08)$，则"洞室失稳概率 O"的二级评判矩阵为

$$M_5 = w_5 R_5 = (0.54, 0.15, 0.23, 0.08)R_5 = (0.02, 0.40, 0.57, 0.01)$$

根据最大隶属度原则,泰安抽水蓄能电站地下洞室群的失稳概率为"小可能性"。

事实证明,在地下洞室群的施工和运行中,洞室群整体上还是稳定的,各个工序的进行不会对其造成太大影响,部分断层和岔口等部位需要注意。

目前地下工程稳定性风险评价理论研究的内容主要包括地下工程可靠度研究、地下工程失稳后的损失评价、风险发生的可接受风险准则、失稳风险管理等方面。由于地下洞室群独有的特点,相比于基坑、边坡、地铁、交通隧道等其他岩石工程领域,风险评价这一研究领域还远不成熟;再加上不同的学者对灾害风险本身的认识角度也不尽相同,所以目前地下工程风险评估研究的理论还很不完善。

本章研究主要是借助已有的风险评价方法,尽量避免繁杂的公式推导,在总体评价方法上进行更深入的研究与完善,为工程领域总结出简单易行的风险评估体系。

3.4　地下洞室群风险评估

地下洞室群的风险除了包括一般意义的两部分(一是危险事件出现的概率;二是一旦出现风险,其后果损失的大小)外,还应该包括对工程的监控程度和重视程度,后两个方面对工程风险的影响也很大。

对工程的监控程度指的是可能导致危险的因素被检查出来的程度,因为大型水电站的地下厂房都是深埋于地下的隐蔽工程,其所处地质环境十分复杂,无法像一般工业及民用建筑那样完全准确、及时地发现问题,所以在其施工和日常运行中需要专门布置合理、科学的监测系统。其中检测设备、监测人员以及采集数据的后处理等都直接影响洞室群失稳风险的大小。

另外,地下洞室群的风险还应包括人的主观因素指标。大型地下洞室群一般都是投资巨大、影响范围广、经济效益和社会效益均引人注目的工程。投资方、管理者、建设者对工程的重视程度直接反映出工程各项工作的质量,所以从工程的设计、施工、监测到工程的稳定风险辨识、风险分析、风险控制等都与人的态度密不可分。

所以,笔者认为将以上四个部分的量化指标综合,就是风险的表征。

在进行具体的风险评估之前有必要对风险估计变量——风险程度进行界定。一般的风险评估只是考虑风险发生的概率和风险损失水平两个因素,本书中引入"风险的监测程度"和"对工程的重视程度"。笔者认为,一般情况下,工程的风险水平受到项目风险损失发生的概率、风险损失发生的后果、对风险的监控程度,以及对工程风险的重视程度等因素的影响。因而工程项目的风险可以表示成洞室失稳发生的概率、风险损失的后果、对洞室的监测程度和重视程度的函数,即

$$P = f(O, S, D, Q) \tag{3-24}$$

式中 P ——地下洞室群风险水平;

   O ——洞室失稳发生的概率;

   S ——风险损失发生的后果;

   D ——对洞室的监测程度;

   Q ——对该地下工程的重视程度。

因为这里的 P、O、S、D、Q 不仅具有随机性,同时也具有模糊性,很难准确判断出各个因素水平确定性会导致哪级风险,所以不做简单的乘法关系来求得风险等级 P,而是应用模糊综合评判方法来获得风险水平 P。

3.4.1   选择整体风险评估方法的依据

模糊数学的优势在于:它为现实世界中普遍存在的模糊、不清晰的问题提供了一种充分的概念化结构,并以数学的语言去分析和解决它们。它特别适合用于处理模糊、难以定义并难以用数字描述而易于用语言描述的变量。

地下洞室群工程中潜含的各种风险因素很大一部分难以用数字来准确地加以定量描述,但都可以利用相关经验或专家知识,用语言描述出它们的性质及其可能的影响结果,这种性质最适合采用模糊数学模型来解决问题。

地下工程是一个由多种因素构成的多层次复杂系统,而工程安全事故与影响因素之间没有直接的一一对应关系。事故风险可能是各因素共同作用的结果,风险因素或安全隐患与事故之间存在多因素模糊关系,因此采用模糊综合评判法评价地下洞室群的风险是合理的。基于以上原因,本节建立了一个基于多层次模糊综合评判的工程风险评估模型,通过综合考虑四项风险指标,确定整体风险的大小。

3.4.2　建立整体稳定性风险评估层次模型

整体稳定性风险评估层次模型如图 3－23 所示。

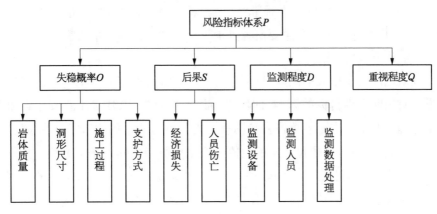

图 3－23　整体稳定性风险评估层次模型

3.4.3　确定权重

为了确定地下洞室群整体风险评价指标体系的权重,笔者给出的权重并非调查人员直接打分的结果,而是在调查现场情况、询问有关人员的基础上,综合考虑地下工程风险管理特点以及被调查人员对风险的客观判断能力,并参照类似风险分析资料,参阅了国内外大量的地下工程资料,经过数据整理和修正得出的。得到各层次的权重向量如下 D：(0.4　0.3　0.3)，S：(0.5　0.5)，P：(0.4　0.4　0.15　0.05)。

3.4.4　建立地下工程风险评价集

根据目前研究成果,设定风险破坏等级的评价集同前面 3.3 节相对应为

$$V = \{大风险,中风险,小风险,微风险\}$$

为了使风险评估结果更直观,采用不同的颜色表示不同的风险等级,见表 3－42。

表 3－42　洞室群风险等级标准颜色示范

风险等级	大风险	中风险	小风险	微风险
标识颜色	红色	黄色	蓝色	绿色

3.4.5　构造风险模糊评判矩阵

建立各因素的隶属关系函数,求出隶属度与各层因素的单因素评判向量,构造出一级、二级评判矩阵。对于"O 失稳概率"的评判向量在前已经详细讲述,此处不再赘述。本小节主要研究其他三个因素的评判向量的解。

3.4.5.1　S 后果

在对已经辨识出来的风险进行测量得出了风险发生的概率后,估计风险一旦发生对风险管理目标的影响,即风险后果。参照《水电建设工程安全评价与安全管理》和《生产安全事故报告和调查处理条例》,构造因素"B_1 经济损失"对上层的隶属度函数,要通过一定的数值变换来消除指标间的量纲影响。指标无量纲化过程也就是求解隶属函数的过程,各种无量纲化公式,即指标的隶属函数。根据经济因素的特点和可操作性,本书选择线性无量纲方法来确定指标的隶属函数,具体隶属函数公式表达如下

$$
\begin{cases}
\mu_1(x) = \begin{cases} 1 & (x > x_1) \\[2mm] \dfrac{x - x_2}{x_1 - x_2} & (x_2 < x \leqslant x_1) \\[2mm] 0 & (x < x_2) \end{cases} \\[10mm]
\mu_2(x) = \begin{cases} 0 & (x > x_1 \text{ 或 } x < x_3) \\[2mm] \dfrac{x_1 - x}{x_1 - x_2} & (x_2 < x < x_1) \\[2mm] \dfrac{x_3 - x}{x_3 - x_2} & (x_3 < x \leqslant x_2) \end{cases} \\[10mm]
\mu_3(x) = \begin{cases} 0 & (x > x_2 \text{ 或 } x < x_4) \\[2mm] \dfrac{x_2 - x}{x_2 - x_3} & (x_3 < x < x_2) \\[2mm] \dfrac{x_4 - x}{x_4 - x_3} & (x_4 < x \leqslant x_3) \end{cases} \\[10mm]
\mu_4(x) = \begin{cases} 0 & (x > x_3) \\[2mm] \dfrac{x_3 - x}{x_3 - x_4} & (x_4 < x < x_3) \\[2mm] 1 & (x \leqslant x_4) \end{cases}
\end{cases} \tag{3-25}
$$

式中　$\mu_1(x)$、$\mu_2(x)$、$\mu_3(x)$、$\mu_4(x)$——"经济损失"因素对"大风险""中风险""小风险"和"微风险"的隶属函数；

　　　　　　　　　　　　x——工程实际的经济损失。

根据安全规范规定，x_1、x_2、x_3、x_4 分别取 500 万元、200 万元、100 万元、15 万元。

对于"B_2 人员伤亡"因素的分级，参照安全法规和水利水电工程安全评价规范，易采用确定性方法进行等级划分，见表 3-43。该因素对于评价集的隶属函数就变成了确定性函数，由式（3-26）表示。

表 3-43　人员伤亡等级标准

风险等级	大风险	中风险	小风险	微风险
伤亡情况	3~9 人死亡，多于 10 人重伤	1~2 人死亡，3~9 人重伤	少于 3 人重伤	少于 1 人轻伤

$$\begin{cases} \mu_1(x)=\begin{cases}1 & (x \text{ 为 } 3\sim9 \text{ 人死亡，多于 } 10 \text{ 人重伤})\\0 & (\text{其他情况})\end{cases}\\ \mu_2(x)=\begin{cases}1 & (x \text{ 为 } 1\sim2 \text{ 人死亡，} 3\sim9 \text{ 人重伤})\\0 & (\text{其他情况})\end{cases}\\ \mu_3(x)=\begin{cases}1 & (x \text{ 为少于 } 3 \text{ 人重伤})\\0 & (\text{其他情况})\end{cases}\\ \mu_4(x)=\begin{cases}1 & (x \text{ 为少于 } 1 \text{ 人轻伤})\\0 & (\text{其他情况})\end{cases} \end{cases} \quad (3-26)$$

3.4.5.2　D 监测程度

因为地下工程的特殊性，目前我国很多的隧道、地铁、水电站地下厂房的施工都是信息化施工。通过各种监测设备获得的监控量测数据信息，既是围岩的动态信息，也是反映支护工作状况，用于指导施工和反馈设计部门的最基本、最直接的定量性信息，同时，还是判定隧道是否进入稳定状态，评价隧道工程质量的最基本的依据。为了及时准确地获得围岩及支护的应力、变形等数据，按照设计要求埋设大量的观测仪器。随着施工的进行，观测人员及时精确地采集并分析相关观测数据。

安全监测工作是一项控制施工、保证运行、检验和校核设计、积累科研资料的重要工作。除了要保证检测设备的种类齐全外,还应该保证观测仪器设备的安装埋设质量、监测人员的工作水平、工作态度,以及施工现场对观测仪器设备、电缆、埋件的保护和监测信息的后期处理等。

这里建议采用德尔菲专家打分法分别对三个因素进行定性打分,参照《隧道风险管理指南》可以定性地划分"监控设备"打分标准(表3-44)。同理,也可以得出"监测人员""数据处理"两个因素的分类表。因为工程受监控的程度越高,其发生风险的可能性就越小,所以隶属函数是分值的减函数,采用正态分布函数来分析其研究对象的变化。

表3-44   监控设备等级划分标准

等级	分值	描 述
1	8～10	监控设备非常齐备,各项性能指标优良,率定合格,安装到位,施工中受到的损坏极少
2	5～8	监控设备齐备,各项性能指标良好,率定合格,安装基本到位,施工中受到的损坏很少
3	2～5	监控设备齐备,各项性能指标一般,部分仪器安装不到位,施工中受到了一些损坏
4	0～2	监控设备不齐全,各项性能指标一般,很多仪器安装粗糙,施工中很多仪器受到了损坏

$$\mu_{D1}(x)_i = \mu_{D2}(x)_i = \mu_{D3}(x)_i = \mu_{D4}(x)_i = e^{-k(x-a)^2} \tag{3-27}$$

式中,下标D1、D2、D3分别表示"检测设备""监测人员""数据处理"三个因素;i 取值1、2、3、4时分别表示风险等级Ⅰ、Ⅱ、Ⅲ、Ⅳ;当 $i=1$ 时,$k=0.13$,$a=0$;当 $i=2$ 时,$k=0.22$,$a=4$;当 $i=3$ 时,$k=0.11$,$a=7$;当 $i=4$ 时,$k=0.23$,$a=10$。

3.4.5.3 Q 重视程度

前面分析的各种因素都是可能造成地下工程失稳的"客观因素",这跟人的认知能力有关;而因素"重视程度"是"主观因素",是一个完完全全跟"人"有关的因素,主要是在工程主管建设的管理层面。但是,这个因素对于风险评估来说又是必须考虑的,大到整个地下工程的选址、地质勘查、设计,小到某个材料的选购、检测设备的安装,重视程度不一样都会导致差别很大的结果。

目前,要对工程的重视程度实现准确地定量研究还是比较困难的,这里借助建设工程项目的等级来大体上量化对重视程度的评价。设定工程等级越高,受到的重视程度就越高。参照《水利水电工程等级划分及洪水标准》(SL 252—2017),建立因素 Q 对于总目标的单因素判断隶属函数。因为大多数地下洞室群都是水电站的厂房,所以以电站的装机容量为判断指标(表 3-45)。隶属函数见式(3-25)。x_1、x_2、x_3、x_4 分别取 3 000 MW、1 200 MW、300 MW、50 MW;x 为工程的实际装机容量。

表 3-45　工程建设项目等级划分标准

建设项目等级	计量单位	特大型	大　型	中　型	小　型
水库枢纽工程	库容/10^8 m³	≥10	1.0~10	0.1~1.0	>0.1
	装机/10 MW	≥120	30~120	5~30	>5

通过以上分析可以得到每个因素对评价集的隶属度,对 S、D、Q 层次下的每个因素做单因素判断,从因素 b_i 着眼确定该因素对风险等级 $V_j = \{v_1 v_2 v_3 v_4\}$ 的隶属度 r_{ij},由此得到 b_i 的单因素评判集 $b_i = \{b_{i1} b_{i2} b_{i3} b_{i4}\}$,即评语集合 V 上的模糊子集。由此可构造出一级模糊关系矩阵 $\boldsymbol{R}$ 为

$$\boldsymbol{R}_S = \begin{bmatrix} r_{11} & r_{12} & r_{13} & r_{14} \\ r_{21} & r_{22} & r_{23} & r_{24} \end{bmatrix} \quad \boldsymbol{R}_D = \begin{bmatrix} r_{11} & r_{12} & r_{13} & r_{14} \\ r_{21} & r_{22} & r_{23} & r_{24} \\ r_{31} & r_{32} & r_{33} & r_{34} \end{bmatrix}$$

对于 S 因素的权重向量 $\boldsymbol{w}_S = (0.5 \quad 0.5)$,定义一级输出向量为 $\boldsymbol{M}$,因素 S 的单因素评判矩阵为

$$\boldsymbol{M}_S = \boldsymbol{w}_S \boldsymbol{R}_S = \{m_1, m_2, m_3, m_4\}$$

以此类推,可得其他因素 D、Q 的输出模糊向量等,其中每个分向量的大小相应地反映了该地下洞室群因素的风险程度。

由因素"O 失稳概率""S 后果""D 监测程度""Q 重视程度"的单因素评判集构成二级模糊综合评判矩阵,即由一级输出模糊向量矩阵组成的二级模糊关系矩阵

$$\boldsymbol{R}_{P} = (\boldsymbol{M}_{O}\boldsymbol{M}_{S}\boldsymbol{M}_{D}\boldsymbol{M}_{Q})^{T} = \begin{pmatrix} m_{11} & m_{12} & m_{13} & m_{14} \\ m_{21} & m_{22} & m_{23} & m_{24} \\ m_{31} & m_{32} & m_{33} & m_{34} \\ m_{41} & m_{42} & m_{43} & m_{44} \end{pmatrix}$$

A 层次的权重向量 $w_{P} = (0.4\ 0.4\ 0.15\ 0.15)$，则二级输出向量 $\boldsymbol{M}_{P} = w_{P}\boldsymbol{R}_{P}$，将运算结果归一化后得总的综合评判集 $(m'_{1}, m'_{2}, m'_{3}, m'_{4})$。

3.4.6　风险接受准则

由前节计算结果可知,所研究的地下洞室群属于"大风险、中风险、小风险、微风险"的可能性分别为 m'_{1}、m'_{2}、m'_{3}、m'_{4}。根据最大隶属度原则,可以判断地下洞室群整体风险属于何种风险等级。

根据《地铁及地下工程建设风险管理指南》中的规定,风险的接受准则(表 3-46)如下所述:

表 3-46　风险接受准则

等　级	风　险	接受准则	控　制　措　施
Ⅰ	大风险	拒绝接受	立即停止、需要整改、规避或预案措施
Ⅱ	中风险	不可接受	需重新决策,采取控制、预警措施
Ⅲ	小风险	可容许	引起注意,需防范、监控措施
Ⅳ	微风险	可以忽略	不必进行管理、审视

Ⅰ级风险:无论用于风险减轻措施的花费是多少,都应该将风险降低到至少Ⅲ级的水平。

Ⅱ级风险:必须给出(或识别)风险减轻(或转移)措施。只要风险措施的费用与风险值的减少量相当,就要实施这些风险措施。

Ⅲ级风险:在整个工程阶段,只要对风险进行管理,而不需要考虑采用风险措施。

Ⅳ级风险:对危害不需要考虑。

根据评判所得风险等级和相应的风险接受准则,采取相应的风险控制措施。

3.5　工程应用

3.5.1　泰安抽水蓄能电站

继续分析 3.3.3 节中的工程实例。对于 A1 因素,在 3.3 节中分析结果,可以认为,洞室群失稳概率越高其对应的风险越大,即稳定性评价集(频繁,可能发生,很少发生,不会发生)可以和本章的风险评价集(高风险,中风险,小风险,微风险)相对应起来。

根据地下洞室群的实际情况,施工单位认为如果洞室会发生危险,那么有可能出现异常情况的是断层处支护脱落、岔口出小范围塌方等,根据本工程所处地区的实际经济水平,经济损失将在 80 万元以内;伤亡人数会在轻伤 3 人以内。代入 S 因素的隶属函数,得到 A5、A6 对评价集 V 的单因素评价集分别为 $(0,0,0.76,0.24)$、$(0,0,1,0)$,上节已得出 S 因素的权重 $\boldsymbol{w}_S = (0.5\ \ 0.5)$,所以可得 S 因素的评判输出向量 $\boldsymbol{M}_S$

$$\boldsymbol{M}_S = (0.5\ 0.5)\begin{pmatrix} 0 & 0 & 0.76 & 0.24 \\ 0 & 0 & 1 & 0 \end{pmatrix} = (0\ 0\ 0.88\ 0.12)$$

泰安抽水蓄能电站地下洞室以信息化施工为主体,在先进科学的施工工艺的基础上配备了完善的监测体系。在现场安装了大量的锚杆应力计、多点位移计、收敛计等检测设备,在监测开始前,应按有关技术规范对安全监测仪器设备及仪器电缆进行检验,并向监理人提供检验仪器设备的有关合格证、性能、指标要求的资料。仪器安装埋设严格按照监理人批准的设计图纸、设计通知及要求进行。施工现场对观测仪器设备、电缆、埋件等加强保护,尤其是在安装、埋设电缆引伸整个施工过程中,防止仪器设备受到损坏。所有的检测作业委托专门的公司和技术人员完成,检测结果完整、真实,和现场实际情况比较符合。专家根据实际情况打分,代入相应的隶属函数,得因素 D 的模糊关系矩阵为

$$\boldsymbol{R}_D = \begin{pmatrix} 0 & 0.03 & 0.9 & 0.4 \\ 0 & 0 & 0.64 & 0.79 \\ 0 & 0 & 0.64 & 0.79 \end{pmatrix}$$

上节已求出权重 $\boldsymbol{w}_D = (0.4\ \ 0.3\ \ 0.3)$,则“D 监测程度”的评判向量为

$$\boldsymbol{M}_D = \boldsymbol{w}_D \, \boldsymbol{R}_D = (0 \quad 0.01 \quad 0.74 \quad 0.63)$$

泰安抽水蓄能电站的总装机容量为 1 000 MW,属于大型水利枢纽工程,其"Q 重视程度"因素的模糊关系矩阵为 $\boldsymbol{M}_Q = (0 \quad 0 \quad 0.65 \quad 0.35)$。

由以上已经得出的"O 失稳概率""S 后果""D 监测程度""Q 重视程度"各自的模糊关系矩阵和它们总权重向量可以得出"地下洞室群风险"的总评判输出向量

$$\boldsymbol{M} = \boldsymbol{R} \begin{pmatrix} \boldsymbol{M}_O \\ \boldsymbol{M}_S \\ \boldsymbol{M}_D \\ \boldsymbol{M}_Q \end{pmatrix} = (0.4 \quad 0.4 \quad 0.15 \quad 0.15) \begin{pmatrix} 0.02 & 0.4 & 0.57 & 0.01 \\ 0 & 0 & 0.88 & 0.12 \\ 0 & 0.01 & 0.74 & 0.63 \\ 0 & 0 & 0.65 & 0.35 \end{pmatrix}$$

$$= (0 \quad 0.16 \quad 0.79 \quad 0.20)$$

进行归一化后得泰安抽水蓄能电站地下洞室群风险对评价集 V 的隶属度为(0 0 0.14 0.69 0.17),根据最大隶属度原则,知该地下洞室群的风险等级为"小风险"。

该地下厂房洞室群所处地带围岩为新鲜的混合花岗岩及少量后期侵入的岩脉,岩石坚硬,较完整,地下厂房所选位置地质条件相对较好(图 3-24)。厂房区内陡倾角断层和裂隙都以较大角度与厂房轴线相交,对厂房围岩的稳定性

图 3-24   泰安抽水蓄能电站地下厂房施工现场

影响较小。投资方和施工方高度重视,采用"新奥法"施工,施工工艺科学、先进,监控措施完善。虽有几条断层结构松散,强度低,自稳能力差,对厂房顶拱或边墙岩体的稳定有一定影响,但都在可控范围内,整个施工、运营期没有出现严重的异常情况,与本研究判断所得结果吻合。

3.5.2　琅琊山抽水蓄能电站

琅琊山抽水蓄能电站地下厂房区主要岩类的弹模为 13 GPa,内黏聚力为 0.9 MPa,切割地下厂房洞室主要断层为 f303,产状为 NE3/SE45,宽为 0.01～0.4 m,充填碎裂岩、断层泥等。在选取的地质有代表性的 1# 机组剖面,揭露出发育不规律的花岗闪长斑岩蚀变带。蚀变岩内裂隙较发育,结构面大多有方解石脉,部分充填已严重蚀变的碎岩屑。不同蚀变程度的蚀变岩,力学指标有较大差异,严重蚀变的岩体,其弹模、变形模量等力学指标较低。其抗剪内黏聚力为 0.02 MPa,内摩擦角为 20°。

地下厂房部分的平面布置如图 3 - 25 所示。因为地下厂房采用的是一字形布置,所以可以认为洞室间间距无限大,是比较有利于围岩的一种布置方式。分层开挖示意如图 3 - 26 所示,开挖步高度见表 3 - 47。

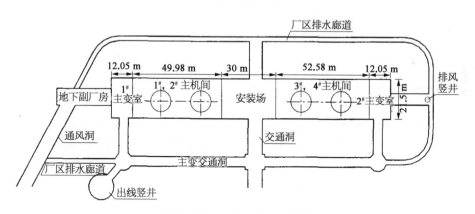

图 3 - 25　地下厂房洞室布置

按设计院给出的支护方式进行支护。顶拱、边墙、端墙处系统锚杆的直径均为 25 mm,间距为 2.5 m,长度为 5 m 和 7 m 的锚杆间隔布置。喷射混凝土的厚度为 20 cm。另外还施加了部分长锚索,本书中按侧墙的系统锚杆的参数进行分类。

根据各项指标在前面的"模糊数据库"中找到各个指标对评价集 V 的隶属

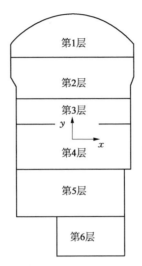

图 3-26　分层开挖示意

表 3-47　主产房开挖步高度

开挖层	高程/m	开挖层	高程/m
第1层	14.20～22.17	第4层	−7.10～1.50
第2层	6.23～14.20	第5层	−15.80～−7.10
第3层	1.50～6.23	第6层	−23.50～−15.80

度。如 B1 弹模,地下洞室群的弹模为 13 GPa,得 B1 的单因素评价集 $b_1 =$ (1/14,6/14,4/14,0),同理可得其他指标的单因素评价集,例如,$b_2 =$ (4/11, 6/11,1/11,0),$b_3 =$ (1/5,2/5,2/5,0)等。

由此可构造出一级模糊矩阵

$$\mathbf{R}_1 = \begin{bmatrix} 0.07 & 0.43 & 0.50 & 0 \\ 0.36 & 0.55 & 0.09 & 0 \\ 0.20 & 0.40 & 0.40 & 0 \\ 0 & 0.46 & 0.54 & 0 \end{bmatrix} \quad \mathbf{R}_2 = \begin{bmatrix} 0 & 0 & 0 & 1 \\ 0 & 0.43 & 0.57 & 0 \end{bmatrix}$$

$$\mathbf{R}_3 = \begin{bmatrix} 0 & 0.25 & 0.50 & 0.25 \\ 0 & 0 & 0.4 & 0.6 \\ 0 & 0 & 0 & 1 \end{bmatrix} \quad \mathbf{R}_4 = \begin{bmatrix} 0 & 0.43 & 0.57 & 0 \\ 0 & 0.57 & 0.43 & 0 \end{bmatrix}$$

对于 A1,B 因素的权重向量 $w_1 = (0.47,0.31,0.14,0.08)$，则因素 A1 的单因素评判矩阵为

$$M_1 = w_1 R_1 = \{m_1, m_2, m_3, m_4\}$$

$$= (0.47,0.31,0.14,0.08)\begin{bmatrix} 0.07 & 0.43 & 0.50 & 0 \\ 0.36 & 0.55 & 0.09 & 0 \\ 0.20 & 0.40 & 0.40 & 0 \\ 0 & 0.46 & 0.54 & 0 \end{bmatrix}$$

$$= (0.17, 0.47, 0.36, 0)$$

同理,可求得　　　$M_2 = (0, 0.32, 0.43, 0.25)$

$$M_3 = (0, 0.16, 0.43, 0.41)$$

$$M_4 = (0, 0.55, 0.45, 0)$$

即由 M_1、M_2、M_3、M_4 一级输出模糊向量矩阵组成的二级模糊关系矩阵为

$$R_5 = (M_1 M_2 M_3 M_4)^{\mathrm{T}} = \begin{bmatrix} 0.17 & 0.47 & 0.36 & 0 \\ 0 & 0.32 & 0.43 & 0.25 \\ 0 & 0.16 & 0.43 & 0.41 \\ 0 & 0.55 & 0.45 & 0 \end{bmatrix}$$

前面已经求出权重向量 $w_5 = (0.54, 0.15, 0.23, 0.08)$，则"$O$ 失稳概率"的二级评判矩阵为

$$M_5 = w_5 \cdot R_5 = (0.54, 0.15, 0.23, 0.08) \cdot R_5 = (0.09, 0.40, 0.38, 0.13)$$

根据最大隶属度原则,琅琊山抽水蓄能电站地下洞室群的失稳概率为"可能发生",稳定性评价等级为"差"。

事实证明,在地下洞室群的施工和运行中,洞室群整体上还是稳定的,各个工序的进行不会对其造成太大影响,部分断层和岔口等部位需要注意。

综合各种因素,整体考虑地下洞室群风险。对于 A1 因素,由前面的分析结果可知,洞室群失稳概率越高其对应的风险越大,即稳定性评价集(极差,差,较好,很好)可以和风险评价集(高风险,中风险,小风险,微风险)相对应起来。

根据地下洞室群的实际情况,施工单位认为如果洞室会发生危险,那么有可能出现异常情况的是断层处支护脱落、岔口出小范围塌方等,根据本工程所

处地区的实际经济水平,经济损失将在 100 万元左右;伤亡人数会在轻伤 3 人以内。代入 S 因素的隶属函数,得到 A5、A6 对评价集 V 的单因素评价集分别为$(0,0,0.76,0.24)(0,0,1,0)$,上节已得出 S 因素的权重 $w_S=(0.5\quad 0.5)$,所以可得 S 因素的评判输出向量 M_S

$$M_S=(0.5\quad 0.5)\begin{pmatrix}0 & 0 & 0.76 & 0.24\\ 0 & 0 & 1 & 0\end{pmatrix}=(0\quad 0\quad 0.88\quad 0.12)$$

琅琊山抽水蓄能电站从工程实际情况出发,分别从厂房顶拱上部的地质探洞和厂房拱脚高程的上、下游排水廊道向地下厂房预埋了多点位移计和锚杆应力计;在地下厂房主机间及安装场内布置了 4 个系统监测断面,每个断面分别设置了岩体内部位移观测、围岩松动观测、锚杆(锚索)应力观测等仪器,对这些仪器实行实时观测;地下副厂房、主变室、岩锚吊顶支承梁和岩锚吊车梁也都是单独布置了监测仪器。所有检测结果完整、真实,和现场实际情况比较符合。专家根据实际情况打分,代入相应的隶属函数,得因素 D 的模糊关系矩阵为

$$R_D=\begin{pmatrix}0 & 0.03 & 0.90 & 0.40\\ 0 & 0 & 0.64 & 0.79\\ 0 & 0 & 0.64 & 0.79\end{pmatrix}$$

上节已求出权重 $w_D=(0.4\quad 0.3\quad 0.3)$,则"$D$ 监测程度"的评判向量为

$$M_D=w_D R_D=(0\quad 0.01\quad 0.74\quad 0.63)$$

泰安抽水蓄能电站的总装机容量为 600 MW,属于大型水利枢纽工程,其"Q 重视程度"因素的模糊关系矩阵为 $M_Q=(0\quad 0\quad 0.65\quad 0.35)$。

由以上已经得出的"O 失稳概率""S 后果""D 监测程度""Q 重视程度"各自的模糊关系矩阵与它们总权重向量运算,可以得出"地下洞室群风险"的总评判输出向量

$$M=R\begin{pmatrix}M_O\\ M_S\\ M_D\\ M_Q\end{pmatrix}=(0.40\quad 0.40\quad 0.15\quad 0.15)\begin{pmatrix}0.09 & 0.40 & 0.38 & 0.13\\ 0 & 0 & 0.88 & 0.12\\ 0 & 0.01 & 0.74 & 0.63\\ 0 & 0 & 0.65 & 0.35\end{pmatrix}$$

$$=(0.04,0.18,0.71,0.28)$$

归一化后得泰安抽水蓄能电站地下洞室群风险对评价集 V 的隶属度为

(0.03　0.15　0.59　0.23),根据最大隶属度原则,知该地下洞室群的风险等级为"小风险"。

从以上分析可知,琅琊山地下厂房洞室群开挖后,发现有发育花岗闪长斑岩蚀变带及其他小断层,岩体质量较差,与预测的地质条件有较大差异。受这些不良地质的影响,厂房围岩存在膨胀崩解破坏以及结构体破坏等失稳形式,在工程进行中,都对这些不良地质采取了不同的处理措施,采用了预应力锚索锚固、支撑墙等措施,限制了边墙和顶拱的位移,减小了塑性区。整体上看,整个电站施工过程中没有发生重大工程伤亡事故,经济损失在可控范围内,属于小风险工程。

综上所述,本章运用风险分析原理和模糊数学理论,对地下洞室群稳定风险中的失稳可能性进行了评价,主要得到以下结论:

(1)将定量的分析方法"多因素综合模糊评判法"应用在地下洞室群稳定分析中,用前面章节分析的工程稳定因素建立起简单、易掌握的数学模型,综合考虑多种因素共同作用,在模糊评判层次中自下而上逐级得出模糊输出向量,最终得到关于"地下洞室的稳定性"这一评判结果。

(2)以弹塑性位移比值稳定判据为基础,定义了地下洞室群围岩稳定指标,用洞室围岩实际弹塑性位移相对值与临界相对值的比值为主、其他判据为辅来判断不同情况下围岩稳定程度。

(3)应用层次分析法,研究了对影响洞室群稳定等因素进行了研究"岩体质量""施工因素""几何尺寸""支护方式"等各级因素的相对权重。

(4)结合地下工程的特点,对多个实际工程的每个指标因素在合理的取值区间内分别取不同的值进行模拟计算,由大量的数值模拟结果得到各因素在各种情况下的稳定性评价指标,从而为将来的研究建立了隶属数据库。

(5)用模糊评价的方法将风险的两大要素"失稳概率"和"后果"联系起来,并引入"监测程度"和"重视程度"两个因素,使得对地下洞室群这一隐蔽工程的风险评估更为充分、全面。选用该种评估方法将定性分析以定量的形式表现出来,将不精确的表达和处理数字化,使评估过程更趋科学化。

(6)建立了合理的风险评估模型、评价风险等级、各评价因素的隶属函数,为进行科学合理的地下工程风险评价提供了一种新思路、新方法,为今后新建地下洞室群的风险评估提供了借鉴。

(7)选取国内已建的洞室群工程进行了验证,用稳定性评价来表征失稳风险的大小,综合其他风险指标确定了两个实际工程风险等级,给出合理的、简单易操作的预警值。

　　本章由此对地下洞室群整体风险进行了评价,研究的重点是建立概念、模型与方法,用确定性方法解决了不确定性问题。借助多种稳定判据给出每种因素各个取值区间中的稳定指标,为今后类似洞室群稳定分析提供了可以直接应用的数据资料。而围岩安全性评价的研究对于可行性研究和设计阶段整体方案的规划、施工过程中开挖和支护方案的制定又具有重要的指导意义。

地下工程施工安全风险评估实施

根据《山东省公路桥梁和隧道工程施工安全风险评估实施细则》中要求,所有桥梁、隧道施工均应开展静态总体风险评估以及重大风险源的专项风险评估。超大断面隧道施工经验较少,安全风险尤为突出,更需在其施工过程中进行动态风险评估。

在施工开展前期的总体风险评估能综合描述隧道的整体风险,隧道整体风险等级的确定为后期的安全风险管理及现场施工提供重要的参考依据。根据以往隧道施工经验,总结隧道施工会遇到的一些突出风险事件,如塌方、失稳等重大专项风险源,针对重大风险源制定相应的风险控制措施及应急预案。在超大断面隧道全过程风险评估中,根据工程进度,对不同工序、不同段落施工进行风险识别并开展评估工作,再提出较为细致的符合现场实际的风险控制措施,来指导各参建单位对现场进行针对性的安全管理工作。

4.1　梯形云模型理论

云模型是基于模糊数学发展起来的一种用于解决定性概念到定量转换的数学理论方法。定性概念到定量转换存在不确定性,不确定性又可以细分为不一致性、不稳定性、不完全性、模糊性及随机性五个不同方面。随机性的产生是因为不确定事件发生组成因素与事件引起的结果之间不存在绝对的对应关系。模糊性又称非明晰性,是由于事物归属划分不分明导致的最终评判结果的不确定性。随机性与模糊性是组成不确定事件最重要的两个组成要素,当前概率论及模糊数学在处理不确定性方面都存在各自的不足之处,云模型理论结合概率论和模糊数学提出了利用隶属云来描述事件的不确定性,对模糊性和随机性进行了较好地融合,使其在处理不确定问题方面更加科学合理。

云模型理论是用随机分布的隶属度点集描述模糊概念定量性质的数学模

型,其由论域 $X = \{x\}$、有稳定倾向的随机数 $\mu_{\tilde{A}}(x)$ 组成。论域元素 x 存在稳定倾向的随机数 $\mu_{\tilde{A}}(x)$ 与之对应,论域元素 x 表示影响模糊概念的定量化数据,随机数 $\mu_{\tilde{A}}(x)$ 表示论域元素隶属于模糊概念的可靠性大小。

如图 4-1 所示,以"单轴抗压强度 170 MPa 左右"这一模糊概念为例,"170"这一论域元素一定属于"单轴抗压强度 170 MPa 左右"单一模糊概念,但是其余的元素不一定属于此模糊概念,云模型用隶属度描述论域元素属于模糊概念的程度。从图中可以看出,论域元素越靠近"170"其对应的隶属度越大,表明其属于模糊概念的可能性概念越大。但是论域元素对应的隶属度并不是一个确定值,云模型理论用"云滴"来表述论域元素与隶属度之间的关系。由图中"云滴"的随机分布可知,靠近"170"的论域元素及远离"170"的论域元素对应的隶属度较分散,表明隶属度值的不确定性越小,而离"170"不远不近的地方隶属度值的不确定性越大,说明在离"170"不远不近的地方难以描述论域元素对应模糊概念隶属度的确定性,这与实际情况相符。

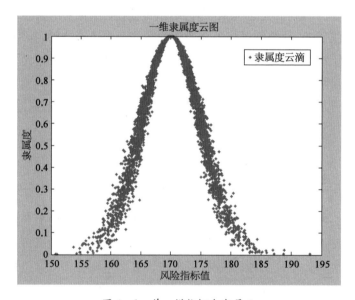

图 4-1　单一模糊概念隶属云

Ex、En 和 He 表示云模型的期望、熵和超熵,云模型通过数字特征期望 Ex、熵 En 和超熵 He 来进行定性概念的定量化处理。期望 Ex 是概念中心的样本点,熵 En 表示数据在论域空间的大小取值,超熵 He 用来反映定性概念在定量化取值后的随机性程度。构建云隶属度模型需要用到隶属云发生器算法,隶属云发生器算法可分为正向云发生算法和逆向云发生算法。正向隶属云发生算法是根据已知正态隶属云模型的数字特征 Ex、En 和 He，产生满足要求的正态隶属云分布规律的二维点 $\xi(x,\mu)$ 的算法；逆向隶属云发生算法是已知隶属云中相当数量的二维点 $\xi(x,\mu)$ 分布，确定正态隶属云的三个数字特征值 Ex、En 和 He 的算法（图 4-2）。其中 Ex 表示隶属云的期望值，反映了模糊概念在隶属度趋近于 1 时候的值；En 表示隶属云的条带宽度，反映了模糊概念信息值；He 表示隶属云的方差，反映了隶属云图中云滴的离散程度。

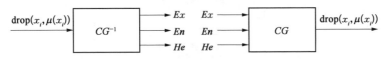

图 4-2　逆向云算法与正向云算法

逆向云发生器与正向云发生器为云模型理论的两种算法。逆向云发生器可以实现隧道施工数据定量值向定性概念转换，正向云发生器是实现定性概念到其定量表示的数学算法。

梯形云模型不同于常规云模型的地方在于其数字特征期望 Ex 不是固定数值，而是一个论域区间。在现实隧道施工风险评估当中大部分情况面对的是隶属度为 1 的工程数据对应的论域为一个区间而不是一固定值，依此可知，利用梯形云模型期望区间的概念相比一般正态云模型显得更加科学合理。

一维 X 条件下正向云算法是实现定性概念到其定量表示的数学算法，其根据云模型的数字特征 (Ex,En,He) 产生云滴，每个云滴都是定性概念的一次具体实现。

根据梯形云模型理论对一维 X 条件下正向云发生算法进行改进，改进后的计算步骤如下：

（1）选取期望区间为 $[Ex_1,Ex_2]$，计算产生一个期望为 En_m（期望区间的中值），方差为 En 的符合正态分布的随机数 x_i。

（2）计算产生一个期望值为 En_m，方差为 He 的符合正态分布的随机数 p_i。

（3）计算 $y_i = \exp\left[-\dfrac{(x_i - Ex_m)^2}{2(p_i)^2}\right]$。

（4）定义 (x_i,y_i) 为一个云滴，重复步骤（1）～步骤（3），直至产生相当数量的云滴，使云滴分布能够反映论域元素 x 与随机数 $\mu_{\tilde{A}}(x)$ 的对应关系。

基于梯形云模型的隧道施工风险评估流程如图 4-3 所示。

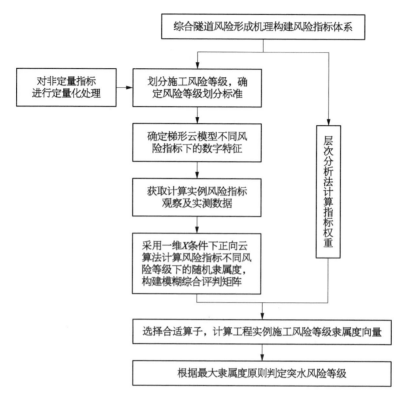

图 4-3　梯形云模型评价方法流程

4.2　基于梯形云模型的风险评估模型

云模型理论在处理定量数据同定性概念转换的问题时,综合考虑问题的模糊性及随机性,将其运用到超大断面隧道施工风险评估中来更能科学合理反映隧道施工风险水平。结合梯形云模型的模糊综合评判法模型如图 4-4 所示。

为了使隧道施工风险评估更能接近实际,选用改进后的梯形云模型理论来描述风险等级的定量化水平。运用梯形云模型理论构建超大断面隧道施工风险评估模型,首先要根据施工现场安全状况及相应风险辨识理论构建风险指标体系,进而划分隧道施工风险等级及确定风险等级划分标准;其次,根据不同风险指标数据对应的风险等级隶属度确定梯形云模型数字特征 $[Ex_1, Ex_2]$、En 及 He,通过相应的梯形云模型正向云算法得到梯形云模型点隶属度云图;接着利用层次分析法计算各风险指标权重分配,通过构造判

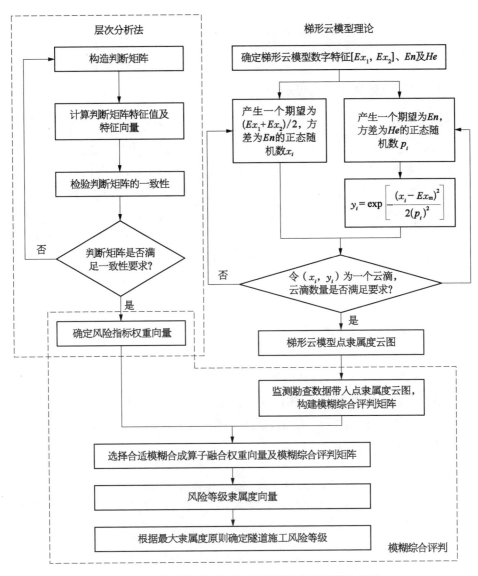

图 4-4 基于梯形云模型理论的模糊综合评判法流程

断矩阵,计算其特征值及特征向量,并验证判断矩阵的一致性求得权重向量;将监测勘查数据带入点隶属度云图,构建模糊综合评判矩阵,选择相应模糊合成算子融合权重向量及模糊综合评判矩阵,计算得到风险隶属度向量;最后根据最大隶属度原则选择向量中最大隶属度对应的风险等级,即为超大断面隧道施工风险等级。

4.3　静态总体风险评估

4.3.1　总体风险评估思路

项目签订施工合同且进场以后,在工程开工建设之前,应根据隧道的总体情况(包含地质条件、设计文件、隧道规模及具体特点等)可能产生的相关风险与施工过程中的致险因子,对隧道工程进行总体风险评估,根据现有资料对隧道风险等级进行静态评估,对风险等级有初步的认识。评估过后,结合项目特点,可以认识到施工中存在的具体风险,及时采取必要的措施,例如对隧道洞顶及周围环境进行补勘、边仰坡的处理、洞口管棚打设、浅埋地表预注浆、偏压严重位置回填、加强监控量测、完善超前地质预报手段等相关措施,将施工风险降至低一级区域,在施工过程中及时完善相关风险评估所需资料,从而达到宏观上风险可控的目的。

首先,根据相关基础资料,结合《山东省公路桥梁和隧道工程施工安全风险评估实施细则》中风险评估指标体系及本工程特点,校对此体系是否能反映工程的风险等级,若不合适,需做适当修正。

结合当前工程参数,对总体风险评估指标体系中相应的指标进行赋值,根据相应计算公式,得出总体风险值,根据总体风险分级标准,最终确定隧道施工的总体安全风险等级(表4-1)。

表4-1　隧道工程总体风险评估指标体系

评估指标		分　类	分值	说　明
地质 $G=(a+b+c)$	围岩情况 a	1. Ⅴ、Ⅵ围岩长度占全隧道长度 70% 以上	3~4	根据设计文件和现场实际情况确定
		2. Ⅴ、Ⅵ围岩长度占全隧道长度 40% 以上、70% 以下	2	
		3. Ⅴ、Ⅵ围岩长度占全隧道长度 20% 以上、40% 以下	1	
		4. Ⅴ、Ⅵ围岩长度占全隧道长度 20% 以下	0	

续 表

评估指标		分 类	分值	说 明
地质 $G=(a+b+c)$	瓦斯含量 b	1. 隧道洞身穿越瓦斯地层	2~3	根据设计文件和现场实际情况确定
		2. 隧道洞身附近可能存在瓦斯地层	1	
		3. 隧道施工区域不会出现瓦斯	0	
	富水情况 c	1. 隧道施工全程存在可能发生涌水突泥的地质	2~3	
		2. 隧道施工有部分段落可能发生涌水突泥的地质	1	
		3. 无涌水突泥可能的地质	0	
开挖断面 A		1. 特大断面(单洞四车道隧道)	4	
		2. 大断面(单洞三车道隧道)	3	
		3. 中断面(单洞双车道隧道)	2	
		4. 小断面(单洞单车道隧道)	1	
隧道全长 L		1. 特长(3 000 m 以上)	4	
		2. 长(大于 1 000 m、小于 3 000 m)	3	
		3. 中(大于 500 m、小于 1 000 m)	2	
		4. 短(小于 500 m)	1	
洞口形式 S		1. 竖井	3	
		2. 斜井	2	
		3. 水平洞	1	
洞口特征 C		1. 隧道进口施工困难	2	从施工便道难易、地形特点等考虑
		2. 隧道进口施工较容易	1	

注：指标的取值针对单洞。

隧道工程施工安全总体评估风险大小计算公式为：$R = G(A + L + S + C)$。

计算得到本隧道总体风险值 R 后，对照表 4-2 确定隧道工程施工安全总体风险等级。

表 4-2　隧道施工安全总体风险等级标准表

风　险　等　级	计算分值 R
等级Ⅳ（极高风险）	14 分及以上
等级Ⅲ（高度风险）	8～13 分
等级Ⅱ（中度风险）	5～8 分
等级Ⅰ（低度风险）	0～4 分

4.3.2　大岭隧道静态总体风险评估实例

结合大岭隧道设计文件中地质说明以及济南市总体地质水文情况，得出大岭隧道总体风险评估指标，见表 4-3。

表 4-3　大岭隧道工程总体风险评估指标

评估指标	分　　类		分值	说明
地质 $G = (a+b+c)$	围岩情况 a	Ⅴ、Ⅵ围岩长度占全隧道长度 20% 以上、40% 以下	1	
	瓦斯含量 b	隧道施工区域不会出现瓦斯	0	
	富水情况 c	有部分段落可能发生涌水突泥的地质	1	
开挖断面 A	特大断面（单洞四车道隧道）		4	
隧道全长 L	中		2	
洞口形式 S	水平洞		1	
洞口特征 C	隧道进口施工较容易		1	

大岭隧道：$R = G(A + L + S + C) = 2 \times (4 + 2 + 1 + 1) = 16 > 14$。依据隧道工程施工安全总体风险分级标准，大岭隧道总体风险等级为Ⅳ级（极高风险）。

4.4　重大专项风险评估

4.4.1　重大专项风险评估思路

结合总体风险评估的相关结果，以总体风险评估等级为Ⅲ级（高度风险）及以上隧道工程的施工作业活动为评估对象，根据超大断面隧道施工的特点及相关工程事故案例分析，进行风险源识别，并对其中的重大风险源进行量化计算，根据结果制定相应的风险控制措施。

将隧道施工工序分解；对分解后的各工序进行危险源普查，列出风险源普查清单；选用相应的方法对相应危险源进行定性评估并定量化分析。

专项风险评估的基本程序包括：风险源普查、辨识、分析，并针对重大风险源进行估测、控制。专项风险评估具体流程如图4-5所示。

结合专项风险评估的结果，经评估小组讨论决定：坍塌、洞口失稳为大岭隧道的重大风险源。

4.4.2　大岭隧道洞口失稳专项风险评估实例

本小节以洞口失稳指标体系为例分析大岭隧道洞口失稳的可能性评估。根据项目实际情况，参考《公路桥梁和隧道工程施工安全风险评估制度及指南解析》中关于洞口失稳指标体系。

根据表4-4建立安全管理评估指标体系，计算指标分值M。大岭隧道洞口施工现场如图4-6所示。

济南绕城高速济南连接线总承包企业山东省路桥集团有限公司为隧道工程总承包二级，总承包资质A为2分。专业及劳务分包企业为山东省路桥集团有限公司，有资质，B为0分。历史未发生过事故，C为0分。作业人员经验较为丰富（图4-7），D为0分。安全管理人员配备符合规定，E为0分。安全投入符合规定，F为0分。机械设备配置及管理符合合同要求，G为0分。专项施工方案（图4-8）可操作性强，H为0分。

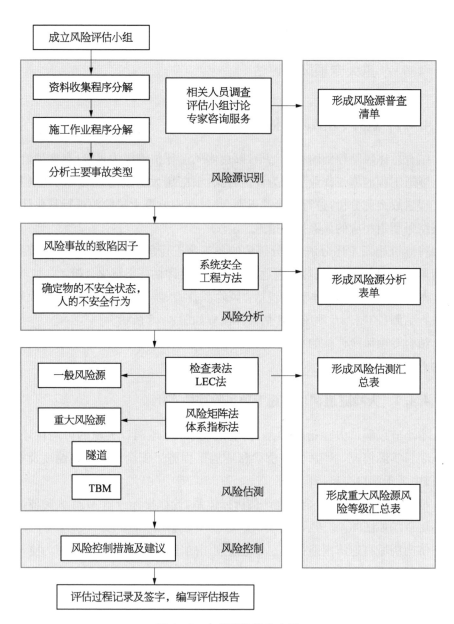

图 4-5　专项风险评估流程

表 4-4　建立安全管理评估指标体系

评　估　指　标	分　　类	分　值	说　明
总承包资质 A	三级	3	
	二级	2	
	一级	1	
	特级	0	
专业及劳务分包企业资质 B	无资质	1	
	有资质	0	
历史事故情况 C	发生过重大事故	3	
	发生过较大事故	2	
	发生过一般事故	1	
	未发生过事故	0	
作业人员经验 D	无经验	2	
	经验不足	1	
	经验丰富	0	
安全管理人员配备 E	不足	2	
	基本符合规定	1	
	符合规定	0	
安全投入 F	不足	2	
	基本符合规定	1	
	符合规定	0	
机械设备配置及管理 G	不符合合同要求	2	
	基本符合合同要求	1	
	符合合同要求	0	
专项施工方案 H	可操作性较差	2	
	可操作性一般	1	
	可操作性强	0	

图 4-6　大岭隧道洞口施工图

图 4-7　大岭隧道洞口施工作业人员培训

图 4-8　大岭指导性施工专项施工方案

经过计算：$M=A+B+C+D+E+F+G+H=2$，根据表 4-5,可得：折减系数 $\gamma=0.8$。

表 4-5　安全管理评估指标分值与折减系数对照表

计算分值 M	折减系数 γ
$M>12$	1.2
$9\leqslant M\leqslant 12$	1.1
$6\leqslant M\leqslant 8$	1.0
$3\leqslant M\leqslant 5$	0.9
$0\leqslant M\leqslant 2$	0.8

洞口失稳可能性评估指标建立见表 4-6。

表 4-6　洞口失稳可能性评估指标

评估指标	分　类	分　值	说　明
围岩级别 A	Ⅴ、Ⅵ级	4～5	
	Ⅳ级	3	
	Ⅲ级	2	
	Ⅰ、Ⅱ级	0～1	
施工方法 B	施工方法不适合水文地质条件的要求	2～3	
	施工方法基本适合水文地质条件的要求	1	
	施工方法完全适合水文地质条件的要求	0	
洞口偏压 C	洞口存在较严重偏压	3	
	洞口存在可校正偏压	2	
	洞口无偏压	0～1	

大岭隧道围岩级别为Ⅳ、Ⅴ级，施工方法基本适合水文地质的要求，B 为 1 分。老虎山隧道和大岭隧道洞口无偏压，C 为 1 分。

老虎山隧道和大岭隧道施工区段洞口失稳事故可能性分值 $P=\gamma(A+B+C)=0.8\times(4+1+1)=4.8$。

建立如表 4-7 所示隧道施工洞口失稳可能性等级标准。

表 4-7　隧道施工洞口失稳可能性等级标准

计 算 分 值 P	事故可能性描述	等　级
$P\geqslant 8$	很可能	4
$5\leqslant P<8$	可能	3
$2\leqslant P<5$	偶然	2
$0\leqslant P<2$	不太可能	1

从表 4 - 7 中可以看出,大岭隧道发生洞口失稳的可能性为偶然。

4.5　施工全过程风险评估

4.5.1　施工全过程风险评估思路

随着我国公路山岭隧道需求的不断增加,建设规模随之越来越大,洞身坍塌、洞口失稳、突泥涌水等事故频发,单独的静态风险评估难以满足现有安全施工的要求,需结合工程实际采用隧道施工全过程的安全风险评估系统。需要在施工的全过程中均采取相应的风险管理措施,使风险识别及预防能贯穿项目整个建设期,确保工程建设全过程的安全。

在进行全过程风险评估中,需要先将工程划分为不同分项项目,分项工程再细分为各工序,这样,各个工序群组成了项目建设的全过程。在不同的建设阶段,针对不同的风险防控目标,对各个子工程进行风险评级及量化,通过不同子工程风险值的大小,有重点的对项目进行把控,达到风险受控的同时,还可充分保障利益最大化。

4.5.2　施工全过程风险评估方法及流程

隧道施工全过程动态风险管理是将以往工程项目中零散的、单项的风险管理进行系统化、流程化,将具有统一的管理目标、完善的管理流程的风险管理机制贯穿在隧道施工建设的全过程中。针对隧道施工全过程风险动态性特征,结合风险评估方法和动态风险管理模式,提出更系统、合理的隧道工程施工全过程的风险识别、评估及控制的风险管理过程框架,实现更加科学、系统及高效的施工全过程动态风险管理。

基于超大断面隧道施工风险的复杂、动态性及随机演化,结合本书提出的超大断面隧道施工风险演化规律,利用德尔菲风险识别方法,以及基于地质因素、人员设备因素、监控量测因素的施工风险评价因素集,构建基于梯形云模型的超大断面隧道施工风险指标体系,采用层次分析法,确定当前隧道施工风险指标权重,选择合适数字特征构建梯形云模型,融合模糊综合评判的方法对隧道施工风险等级进行评判,基于判定的隧道施工风险等级提出风险控制方案,判断控制方案处理效果是否达到预期效果,如果没有达到预期,则需在下一风险评估周期继续对当前施工段存在的问题进行风险识别、评估及控制,如图 4-9 所示。

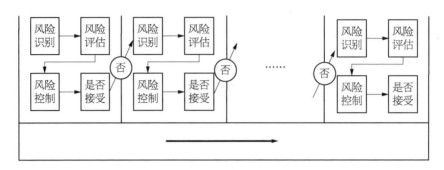

图 4-9 施工全过程风险评估流程

将超大断面隧道施工全过程风险评估划分为四个层次:基础层、识别层、评估层、循环层。在隧道施工前期,根据相关地勘资料及社会稳定性分析等专项资料,结合以往长大隧道建设经验,展开静态风险评估,识别可能发生的风险源并结合当前情况进行分类,对重大危险源进行专项量化评估,初步进行风险等级确认的基础上,结合隧道不同开挖段落情况,展开动态风险评估,根据围岩揭示、监控量测及超前地质预报情况,对当前段落以及下一段落风险进行量化分级,根据评估结果采取相应的风险应对措施,指导施工。若当前措施仍难以满足风险管控目标,则重新采取风险评估方法进行分级,直至能够保证隧道开挖安全,达到最终风险管控目标,如图 4-10 所示。

4.5.3 施工全过程风险评估实例

以大岭隧道为例,项目成立专门的风险管控小组对现场相关资料进行收集、整理,通过实地巡视,对掌子面围岩、初支及二衬施作质量、现场作业人员施工情况等进行详细记录。通过对开挖揭示围岩进行围岩分级,结合监控量测及超前地质预报情况对当前情况下隧道施工风险进行评级并提出针对性的风险管控建议,分送参建各方在下一步施工时采取相应防控措施。大岭隧道现场巡视及风险管理与控制月报如图 4-11 和图 4-12 所示。

通过对隧道不同施工阶段的风险评估,最终形成了覆盖施工全过程的风险评估体系,有力地保障了隧道施工全过程的安全、高效。大岭隧道施工安全风险管理与控制月报汇总见表 4-8。

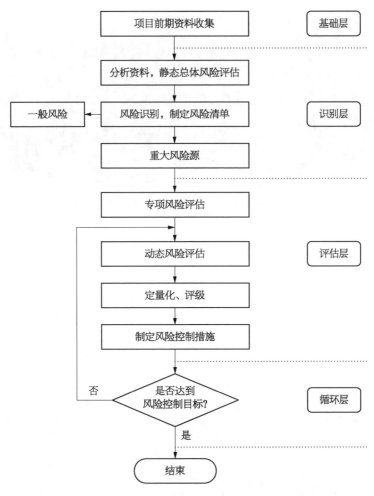

图 4-10 风险评估闭合控制图

图 4-11　大岭隧道现场巡视图集

图 4-12　大岭隧道风险管理与控制月报

表 4-8　大岭隧道风险等级表

时间/年.月.日	里　程	风 险 等 级	主要灾害源
2016.12.28—2017.1.10	ZK6+882	Ⅲ	洞口失稳
	YK6+945	Ⅳ	洞口塌方
2017.1.11—2017.1.18	ZK6+832	Ⅲ	掉块
	YK6+921	Ⅲ	掉块
2017.1.19—2017.2.27	ZK6+765	Ⅲ	局部掉块
	YK6+892	Ⅳ	变形
2017.2.28—2017.3.13	ZK6+721	Ⅲ	掉块
	YK6+865	Ⅴ	地下水渗漏
2017.3.14—2017.3.28	ZK6+661	Ⅲ	掉块
	YK6+805	Ⅲ	掉块
2017.3.29—2017.4.16	ZK6+621	Ⅳ	局部塌方
	YK6+765	Ⅲ	掉块
2017.4.17—2017.5.3	ZK6+601	Ⅲ	塌方
	YK6+725	Ⅳ	物体打击
2017.5.4—2017.5.18	ZK6+561	Ⅲ	塌方、掉块
	YK6+685	Ⅲ	掉块
2017.5.19—2017.5.31	YK6+625	Ⅳ	掉块、塌方

　　综上所述,本章以大岭隧道为例,结合《山东省公路桥梁和隧道工程施工安全风险评估实施细则》中风险评估指标体系,对隧道总体风险评估及重大专项风险评估的过程分析,进一步结合工程实际修正风险评估体系的具体评判方法,从而得出超大断面隧道施工全过程风险评估的理论及方法。进行分析计算,找出具体施工段落存在风险等级。施工单位在施工前即能尽早辨识潜在风险,优化工程建设方案,完善风险控制措施,提高工程建设和运行的安全性。

第 5 章

*C*hapter 5

地下工程施工安全风险管理及控制

　　隧道工程的施工建设,施工难度大,不可预见因素多,施工环境隐蔽性强,导致隧道施工过程中塌方、冒顶、掉块、突涌水等安全事故频发,严重威胁施工人员的生命安全,同时造成大量的施工机械的破坏,工期延误。因此,加强复杂地质环境隧道施工全过程安全管理,保证施工人员的安全,提高施工质量,加快施工进度,以及对突发性事故发生的预警、报警、灾后救援工作的组织和安排具有极其重要的意义。隧道施工安全风险管理及控制系统致力于施工单位在隧道施工建设项目中安全施工生产的全过程管理,包括前期的安全施工等宣传教育,施工过程中实时监测、工程监测数据的综合分析,以及安全风险事故的预警发布,灾害救援等。

5.1　隧道施工安全风险管理及控制系统

5.1.1　系统主要功能内容

　　依据隧道施工安全管理的基本需要,本系统研发主要包括以下三个内容:

1) 超大断面隧道基本信息管理模块

　　从隧道工程管理的机制建设、技术管理、人员设备管理、安全风险监控和安全文化建设等方面,研究建立适合于复杂地质环境隧道施工的安全管理体系,编制管理体系模块程序,实现复杂地质环境隧道施工全过程的智能化管理,达到隧道快速、安全建设的目的。

2) 超大断面隧道施工全过程监测和超前地质预报综合分析系统

　　研究以光纤传感、声发射为主要手段的信息采集技术,设置掌子面监控系统,实时传输掌子面揭露围岩情况。在施工过程中实时输入围岩监测和预报数据处理结果,预判变形值、确定支护时机、确定灾害源(断层、溶洞)等,通过视频传输掌子面揭露实况,对比监测预报结果,实现动态化管理和验证。

3) 超大断面隧道重大灾害源实时监测预警分析系统

基于网络传输、无线通信、网络数据库、数据分析等技术,对复杂地质环境隧道重大灾害源多元特征信息实时采集与处理,结合灾害源风险动态评估等级,基于预警发布准则与方法,研发隧道重大灾害源风险实时监测预警软件系统。

5.1.2　系统模块设计

目前学术界软件开发流程以瀑布模型、快速成型模型、生存期模型及进化模型为主。本书软件开发运用的模型为瀑布模型(图 5-1),其原理是根据一个软件从无到有逐步实现的。

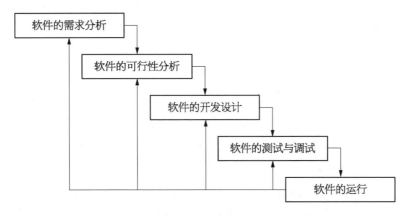

图 5-1　瀑布模型示意

针对当前隧道施工风险评估存在工作量大、工作过程烦琐及风险评估结果表现力不强、人为主观因素影响大的问题,编制这套软件在简化当前隧道施工风险评估中的工作量的同时,相比传统风险评估工作能够有更好的表现力及更科学的风险评估结果。

在软件的开发设计之前,须针对用户的具体需求进行软件开发的可行性分析。通过对隧道工程领域专家及施工现场相关技术人员的调查,结合当前软件开发能力及水平,最终确定软件开发能满足当前隧道施工技术人员的需求。

软件开发设计是隧道施工风险评估系统开发最重要的一步。经过之前对软件的可行性进行分析之后,基本确定软件需要实现的功能模块。之后需要对软件整体的架构进行设计,使软件在使用时有良好的可操作性。同时,在软件开发设计之初需考虑计算机硬件是否满足软件开发及运行要求,进一步使软件在运行当中有良好的流畅性。

在软件开发设计完成之后,需要对软件进行测试及调试。通过输入当前隧道施工工程数据,测试隧道施工风险评估结果的可靠性。经过不断地测试调整,最终使软件的可靠性及适用性满足用户的需求。软件测试完成之后,需将开发出的软件提供给用户使用,将软件在使用过程中反馈回来的问题进行整理归纳,最终针对用户提出的问题对软件进行改进。

依据本系统的研究内容,提出本研究的软件设计目标:软件界面简洁,操作使用人性化;隧道施工风险评估结果表现力强,能够非常直观地反映当前隧道施工风险状态;隧道施工风险评估结果真实可靠、科学合理,能够满足指导隧道施工的要求;能够对隧道施工风险指标权重及云模型理论进行可视化展示。本系统设计四大功能模块:登录模块、安全信息管理模块、施工全过程监测模块、信息融合分析模块及预警预报信息模块。

5.1.2.1　登录模块

登录模块控制着登录者的权限、施工项目的新建、在建施工项目的操作选择等功能。通过对不同身份登录者的权限设置和注册,实现不同身份登录者之间信息的完整性、安全性。统一身份认证平台是用于整合应用系统用户信息管理的应用级安全产品,实现了各种应用系统间跨域的单点登录/退出和统一的用户信息管理功能。

统一身份认证平台通过构建一个统一的、标准的用户数据信息;实现不同用户群体之间统一认证,将大量分散的信息和系统进行整合和互联,形成整体的认证中心和用户数据信息中心。系统通过单一的入口安全地访问信息化体系内部全部信息与应用,集中获取企业信息提供渠道,集中处理企业内部 IT 系统应用提供统一窗口。

用户管理可对用户规定权限,方便不同管理层次对工程资料的掌握和控制。用户类型分为项目管理者、技术员、施工管理员、专家、普通用户。

(1)项目管理者权限:最高查看权限。

(2)技术员权限:① 监控量测技术员、超前地质预报技术员、其他类;② 对应的更新资料上传权限,上传成功后无修改权限。

(3)施工管理员权限:无上传权限、无修改权限,启动鸣笛预警权限。

(4)专家权限:最高查看权限、多源信息融合模块操作权限。

(5)普通用户权限:一般查看权限。

5.1.2.2　安全信息管理模块

安全信息管理模块是隧道建设施工安全的重要保证。安全信息管理模块主要针对施工单位在隧道施工管理过程中的安全性、规范性、及时性管理进行综合设计。将施工单位的安全管理的机构组织、制度建设、施工技术规章规程、安全风险宣传教育等方面条理化、结构化，便于施工单位应用本系统进行本单位工作人员在隧道安全施工管理事项中的学习应用。

隧道概况包括介绍施工单位所承建隧道的基本情况，包括隧道里程、投资项目、隧道建设的社会意义等反映隧道建设重要性的文件。勘探设计资料子模块主要是将历史勘查设计资料可视化，实现隧道历史资料进入安全管理系统，并实现将施工过程的资料进行对比，支持隧道安全施工。

安全管控包括机制建设、技术管理、安全管理三个子模块。机制建设包括施工单位的组织机构和管理制度。组织机构合理设置和职权明确是施工安全的重要保证，机制建设子模块将组织结构设置明细化和规范化展示；管理制度包括施工单位进行施工生产管理所有的规章制度的汇总，并根据规章制度的内容区别，条理化展示施工单位在施工安全生产中相关的规章制度，方便施工单位的安全管理培训和教育。

技术管理包括隧道施工中每一项施工技术的管理、修改、添加功能，并对施工过程中摸索实践发现的新技术、新工法进行说明，保证施工单位在本单位的施工技术得到完整的记录和保存。

安全管理模块包括施工安全事故案例库、安全风险宣传教育、安全事故救援预案。构建施工安全事故案例数据库，通过图片、音视频、文字记载等方式展示施工安全事故的典型；安全风险宣传教育主要包括在施工过程中的相关宣传教育知识、标语等的展示和学习，方便施工单位对本单位的施工安全管理的工作人员以及施工人员的安全管理培训。

5.1.2.3　施工全过程监测模块

施工全过程监测模块是施工安全的核心。本模块主要包括施工进度、监控量测、超前预报、多元传感器、施工区视频监控五个子模块（图 5 - 2）。根据施工过程中获取的动态数据，本模块进行施工数据实时更新。相关用户通过访问权限相应地上传模块，将所获得数据录入保存。

施工进度子模块包括施工日志和人员设备管理。其中，进度显示是指将隧道施工的工程量进度通过三维模型进行显示，如将二衬推进、掌子面推进的部分，未开挖的部分等在三维隧道模型中表现出来，并根据施工日志的数据进行

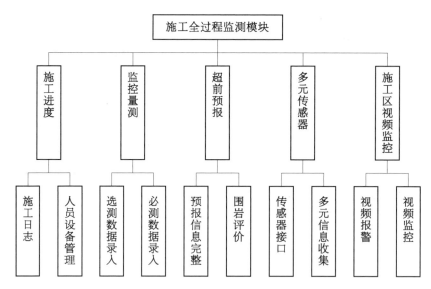

图 5-2　施工全过程监测模块

实时更新显示。施工日志包括当天的施工掌子面推进、二衬推进、施工工法等情况的录入和更新,包括日累计量、月累计量等信息;人员设备管理包括施工班组的人员安排、洞内施工人数、洞内人员设备定位、洞内施工设备的调用,通过统计录入人员设备的数目和对应的工作量,明确人员设备的使用率和效率,提高施工效率,加快进度。

　　监控量测子模块包括监控量测项目的必测和选测项目两部分的数据录入和更新。必测项目包括地表下沉、周边收敛、拱顶下沉,选测项目包括围岩位移、围岩压力、爆破震动等。将这些项目按照固定格式进行录入保存,实现数据的动态更新。同时,进行回归分析、预测分析等,与监控量测结果对比验证,实现施工期的动态化安全管理。

　　超前预报子模块包括围岩分级、TSP/TNT 等对隧道前方围岩进行评价,以及不良地质体的预报信息。超前预报信息多为图片、文字等信息,在该模块中主要提供典型超前预报图片上传的端口,同时附加文字描述,保证超前预报的相关信息完整及时的录入系统。

　　多元传感器子模块主要是系统与隧道施工过程中埋设的一些传感器接口,保证用于隧道安全建设的多源信息收集完整。在本模块中,预留添加传感器的接口,根据施工中具体情况进行添加。其中工程类的传感器项目主要包括压力盒、钢筋应力计、孔隙水压力计、锚杆轴力等,环境类的主要包括温度、天气、瓦斯、烟雾、风压传感器等。

视频监控子模块是实时显示施工区的动态视频,保证施工区安全的重要手段。视频监控能及时发现施工区中的异常情况,及时处理。同时,单独添加视频报警功能,是将视频监控中的视频内容进行分析,自动识别视频中异常情况并开启报警模块,保证 24 h 安全作业。

5.1.2.4　信息融合分析模块及预警预报信息模块

施工信息融合模块通过将隧道施工过程中的多元信息经由多种渠道实时或按照一定频率进行信号采集,形成大量的多元数据,而对数据的处理与专业分析是融合分析子模块的主要内容,包括回归分析、模糊综合评价、多源信息融合分析等。

现如今在用的安全评价方法主要有专家评议法、安全检查表法和作业条件危险性评价法。专家评议法是邀请专家参加,根据隧道施工现场的地质及施工情况,综合监测数据,对当前施工隧道的安全级别进行判断,为后续施工提供指导性意见。安全检查表法是将一系列隧道安全分析项目列出检查表进行分析,以此来确定隧道的安全状态,包括施工情况、围岩稳定性、管理水平等各个方面。作业条件危险性评价法将作业条件的危险性(D)作为因变量,事故或危险事件发生的可能性(L)、暴露于危险环境的概率(E)及危险严重程度(C)为自变量,建立自变量与因变量之间的函数关系 ($D=L×E×C$),按照施工现场的情况,给出自变量的数值,通过函数关系计算因变量,从而完成作业环境的危险性评价。

当前使用的这三种方法都离不开隧道工程专家或者经验丰富的技术人员对于现场情况的判断与分析,比较依赖人的主观意见,并不能十分客观地对现场情况做一个准确判断。而且这三种方法对人的依赖性比较大,很难将这些方法用计算机进行处理计算。其存在效率低下的缺点,很难满足现代隧道施工对安全评价频率的要求。使用云模型开发的安全评价系统可以很好地解决这些问题。梯形云模型作为定性定量转换模型,可以很好地克服现有的这些定性评价存在的主观性和随意性大的缺点,达到对评价客体进行有效评估的目的。同时,云模型相比其他方法更容易写进软件。软件的使用可以满足在得出监测数据的同时完成隧道施工安全评价,这样就大大提高了隧道施工安全评价的效率。

预警预报信息模块是复杂地质环境隧道施工全过程安全管理系统的评价结果输出,其中包括预警模块、报警模块和信息发布模块(图 5-3)。

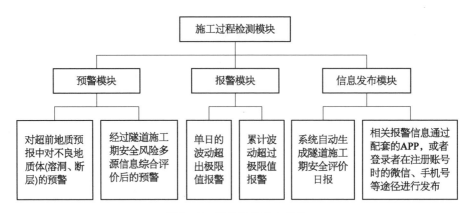

图 5-3 预警报警信息模块

预警模块主要针对超前地质预报中对不良地质体(溶洞、断层)的预警以及经过隧道施工期安全风险多源信息综合评价后的预警。

报警模块主要针对监控量测中的监测数据对隧道施工相关规范实时报警。其中包括单日的波动超出极限值、累计波动超过极限值报警等情况。

信息发布模块包括系统自动生成隧道施工期安全评价日报,以及相关报警信息通过配套的 APP,或者登录者在注册账号时的微信、手机号等途径进行发布。使预警信息、报警信息以及隧道的重大事件能实时传输到施工安全管理者处,保证了信息的及时性,为突发事件的处理赢取宝贵的时间。

5.1.3 系统构架及集成环境

5.1.3.1 系统整体架构

系统整体构架是实现系统功能的核心。为了保证系统的直观性、可操作性,将可视化作为系统具体实施的中心,保证系统获取的数据、资料等进行可视化展示,使系统具有更好的信息展示度,更合理的人机交互界面(图 5-4)。

5.1.3.2 系统集成环境

首先,针对应用系统的特点,结合统一规划、分步实施的项目实施策略展开设计。作为大规模的企业级应用系统,以长远发展的眼光进行整体规划,同时高起点地建设系统,注重其稳定性、安全性、先进性和高效性,其中安全性和稳定性永远是第一位的。另外,根据系统分布和各主要功能系统的应用模式,构建软件平台的层次,在横向和纵向上体现出高的可靠性、可用性、可扩展性、可伸缩性和负载平衡能力;采用面向组件思想开发的应用功能组件

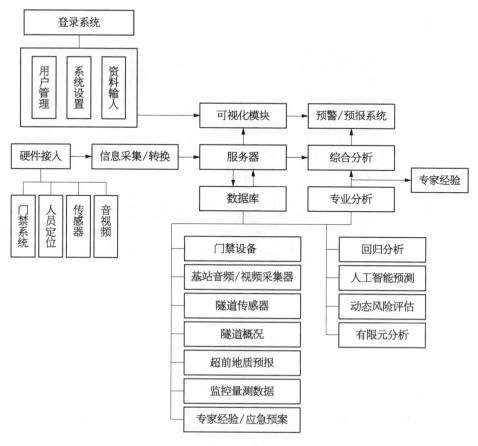

图 5-4　系统构架设计

和部件是系统的主体,与应用服务器等系统平台软件形成可管理、可配置、可维护的服务及支撑环境,并保证对外各种接口的规范性和标准化,最终采用 J2EE 应用架构。

　　J2EE 架构有良好的可伸缩性、灵活性和易维护性,这些特性为系统集成的构建提供了极大的便利。J2EE 采用四层模型,该模型按照面向组件模式进行设计,通过将整个系统组件划分进行重构(图 5-5)。将不同层面进行切分,加强了其可升级改进性,并使逻辑变得更为简单。

　　最终,建设一个 PC 软件平台和一个移动采集平台。软件支撑平台能够在整个系统安全性基础上进行服务支撑和数据支撑,移动采集平台保证数据采集的准确、快捷。两个平台协同处理,保证整个系统运行的安全性、稳定性和统一性。

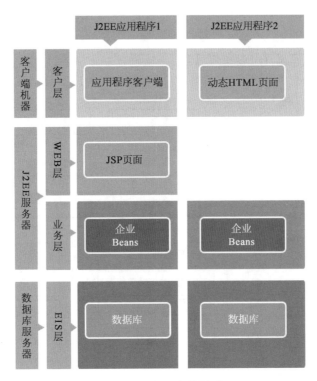

图 5-5　J2EE 架构模型

5.2　地下洞室群工程灾害预报及风险控制

施工风险的控制和管理应遵循以下原则：① 风险意识应超前,防患于未然;② 风险意识应贯穿于整个施工阶段;③ 应具有全方位的风险意识;④ 针对不同的风险类型,制定不同的管理与控制措施;⑤ 建立有效的风险控制和管理制度、组织。

要想正确处理风险,必须建立相应的机制。

(1) 风险评估机制。风险评估机制就是对可能发生何种风险、何时发生、发生的可能性以及风险损害性的大小进行评估的一种机制。建立这种机制的目的在于预先对风险进行分析评估并提出相应的应对措施。

(2) 风险预警机制。风险预警机制就是针对风险评估阶段提出的风险以及在施工过程中出现的不可预见性因素所带来的风险建立一种有效、可靠的报警机制。

(3) 风险处理机制。风险处理机制就是针对各种潜在的风险建立一套高效、可靠的风险处理组织、程序及管理制度。建立这种机制的主要目的在于防范、减少风险以及风险出现后能有效、快速地处理风险。

（4）风险后评估机制。风险后评估机制就是在一个风险事件或整个施工过程结束后，针对处理风险所取得的经验、教训以及风险处理的成果进行一个小结或总结，以便积累经验更好地做好施工过程中的风险管理工作。

本章就从这四个方面对地下工程的风险控制做详细分析。

5.2.1　风险评估机制

风险评估机制的建立和运行跟本书前几章的研究内容有很大关系，要在事故发生前成立专门的风险评估机构，由经验丰富、认真负责的工程专家带领对地下工程的风险进行评估，争取得到准确、全面的第一手工程资料，对工程进行整体把握，对可能发生何种风险、何时发生、发生的可能性以及风险损害性的大小进行评估。建立这种机制的目的在于预先对风险进行分析评估，按照最终的评定风险等级，提出相应的应对措施。

本书在前几章研究的基础上，将对工程风险的模糊分析实现了程序化，用VB 程序语言开发了专门的软件 Stability Risk Assessment Analysis。VB 是一个面向对象的可视集成开发系统，它设计过程客观、设计思想面向对象，利用DDE（动态数据交换）、DLL（动态链接库）等高级功能，可以方便地使程序与其他 Windows 程序交换数据和调用其他语言程序，编写和使用都比较方便[62-63]。

5.2.1.1　程序的界面设计

本程序的最终目的是提供给设计、施工人员使用，因此要求程序的用户界面直观体现本评价方法，包含的内容全面，同时还方便操作（图 5-6、图 5-7）。具体需要满足以下要求：

（1）直观操作。一个直观而自然的用户界面应能使用户以自然的方式进行操作，并尽量使用户感到熟悉。直观而自然的用户界面必须与用户的思维和工作方式相一致，并且要使对用户有用的信息直接显示在屏幕上。

（2）把控制权交给用户。如果给用户提供了很自然的操作环境，他们将感到舒适，使用起来也很少出错，一个好的用户界面应当减少大量含糊不清的情况，以及由此而产生的错误。

（3）宽容性。用户界面需要提供给使用者一个纠正错误的简单办法。如果使用者试图进行一些具有潜在错误或破坏性的操作，那么在允许他这样做之前应给出警告信息。

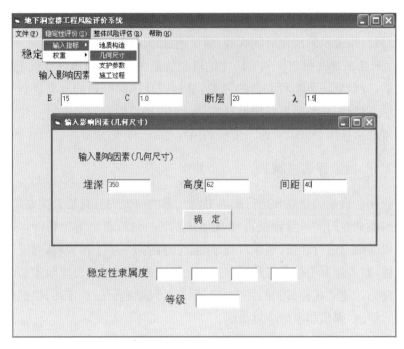

图 5-6　输入信息及结果查询界面(一)

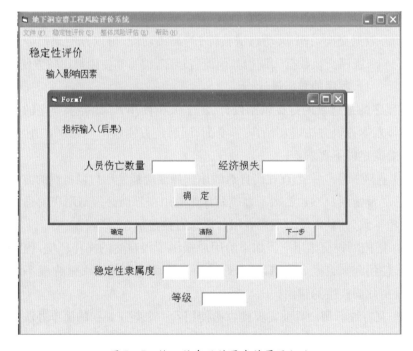

图 5-7　输入信息及结果查询界面(二)

5.2.1.2　应用程序流程

本书开发的 Stability Risk Assessment Analysis 程序根据本书提出的地下洞室群风险评估系统,通过简单、方便的窗口操作,使用者把需评价的地下工程的指标因素值按要求输入,可以得出某个特定洞室群工程的稳定性等级和风险等级,为工程中的风险控制提供了重要依据。具体程序编制流程如图 5-8 所示。

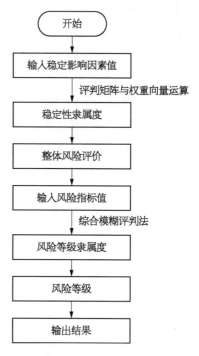

图 5-8　程序编制流程

5.2.2　风险预警机制

根据风险评估的结果,辨别出地下工程的风险属于"高风险、中风险、小风险、微风险"中哪一级,随之启动相应的预警机制,具体包括风险回避、风险自留、风险转移等方法和手段。

5.2.2.1　风险回避

风险回避是指中断风险源,遏制风险事件的发生[64]。主要通过主动放弃和终止承担某一任务,从而避免承担风险。如果在大型水电站的可行性研究阶段对地下工程所做的风险评估等级为红色"高风险"等级,那就应该采用回避风险的方式处置,如可以改址、重新委托设计单位等。这样风险回避可以有效化解施工准备阶段的某些技术风险、涉及风险、地质风险等,是一种进行得比较早的预警方法。

5.2.2.2　风险自留

工程风险自留是指工程风险保留在风险管理主体内部,通过采取内部控制措施等来化解风险,或者对这些保留下来的工程风险不采取任何措施。这里极有可能是迫不得已将风险保留下来的情况,也有可能是主动采取措施进行风险控制的可能。

在工程中经常碰到的就是建设单位根据已知的和未知的风险,对风险采取一定的预防措施。风险和事故是难以根本杜绝的,必须高度重视应急预案的制定。"预防为主"是一切工程设计、建设、运营的原则。凡事预则立,不预则废。无论哪种情况,风险自留后都应采取有效的措施控制风险的聚集和扩散。具体还可以采取以下几种风险预警。

1）采用动态信息化施工

对于隧道和地下厂房等各种地下工程来说，鉴于其位于地层之中，受到周围地质环境的强烈影响，在设计之前尽管进行了地质调查、地质钻探，甚至物探，要完全掌握隧道所在地的地质条件，实际是很困难的。知道地下洞室的施工肯定会遇到不同地质环境带来的风险，但是根据地质勘查结果，能对此类风险进行控制；或者说还有一些轻微的渗水、岩爆等现象，事先没能把握风险，于是把风险自留了下来，那在工程中就要采取一定的措施进行控制。

建立地下工程施工监控量测系统及其分析方法，通过量测数据的分析和整理预测地下工程安全事故发生的概率。同时，建立施工安全远程监测系统，一旦土体发生变形产生位移，监测系统通过传感器获取信息后及时反馈到指挥部，这样就能加强预警发出警报并及时采取预储存的应急预案。从工程数据采集、数据汇总分析、工程资料管理、工地现场情况监控、风险分析和报警、应急指挥决策等多方面进行管理。

地下工程开挖和支护方式选择，都与地质条件有关。当遇到软弱底层、溶洞、断层、破碎带、流沙，必须改变开挖方式，选择相应支护结构。这些地质病害，在预设计阶段往往不完全知道，或者说知道的很少，或只知道有病害而不知道确切位置。在施工过程中，一旦发生上述病害，或在施工过程中被探测出，往往需要当机立断做出决策，及时改变开挖作业方式，或变更支护方式。

比如，在泰安抽水蓄能电站尾水隧洞的修建中，根据设计尾水隧洞要下穿京沪铁路，施工单位认为隧洞开挖对铁路运输肯定有影响，但是这种影响可以控制，所以选择了风险自留。为了减少开挖爆破对铁路运输的影响，达到合同要求，施工单位与科研院所联合对泰安抽水蓄能电站尾水隧洞爆破震动进行了爆破震动监测，并对最大垂直震动速度进行了计算机回归分析。在施工工艺上，为减少爆破对铁路运输的影响，采用短台阶预留光面层的施工方法（图5-9）。最终监测数据显示：对于地面铁路来讲，只要起爆药量最大的某一段所

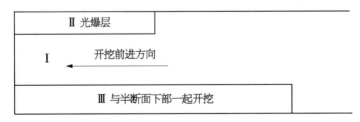

图 5-9　预留光爆层开挖施工顺序示意

产生的爆破地震速度小于规定震速,就可以保证铁路的正常运营。

2) 制定应急方案并进行模拟演练

不同的事故,其应急处理方法不同。只有事先制定多套突发事故应急预案,增强突发性事件的应急处理能力,才能把事故与灾害所造成的人员伤亡和财产损失降到最低程度。迅速的反应和正确的措施是处理紧急事故和灾害的关键。应急预案是对日常安全管理工作的必要补充[65]。它的主要内容应该包括:指挥系统组织构成、应急装备的设置(主要包括报警系统、救护设备、消防器材、通信器材等)和事故处理与恢复正常运行。

现以沪蓉西乌池坝隧道紧急预案演练为例,介绍制定应急方案并进行模拟演练的过程和方法。

(1) 通过危险辨识体系获得了重大危险源的突显特征后,第一时间报告项目经理部应急总指挥和应急副总指挥,同时启动应急预案。

应急计划确立后,根据施工场区位置的具体条件及周边应急反应可用资源情况,以及进行自救的应急反应能力,配置合理的应急反应救援物资和人力资源。

(2) 应急知识培训和建立应急反应救援安全通道体系[67]。

与当地定点医院联系,每年开展一次卫生知识和医疗急救知识培训,建立急救人员队伍。开工后组织一次由定点医院、应急反应组织机构共同参加的应急救援演练。对演练中暴露的不足之处,定人、定时间、定措施加以整改完善。

对员工在上岗前进行应急救援技术和程序的培训,培训内容包括以下几项:① 在事故现场的自我防护;② 对危险源、事故隐患及重要环境因素的分析、辨识;③ 应急救援程序及报警、示警方法;④ 紧急情况下人员的安全疏散;⑤ 各种抢救的基本技能;⑥ 各种抢救的团队协作意识;⑦ “三防”基本基础知识。

在应急计划中,依据该标段行车横洞和行人横洞、施工和管理的范围和特点,确立应急反应状态下的救援安全通道体系,体系包括人行道、水平运输通道、垂直运输通道、与场外连接通道、排水通道、通风通道,并做好多通道体系设计方案,以解决事故现场发生变化带来的问题,确保应急反应救援安全通道能有效地投入使用。

(3) 建立响应级别。应急救援领导小组应根据不同的风险级别做出相应的响应。一旦事故突发,根据四色风险级别初步确定应急响应等级,即相应的预警等级(图 5 - 10),然后根据事态的发展迅速进行应急级别的调整。

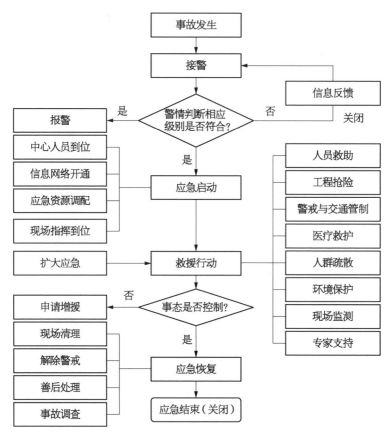

图 5-10　应急救援响应程序

　　① 红色。启动红色应急预案时,救援组织为项目部及所属的全体施工人员,邻近项目部的力量,当地乡(镇)、县(市)医院、武警官兵、当地政府等力量组成应急机构,所有力量归本项目部总指挥调度。

　　② 橙色。启动橙色应急预案时,救援组织为项目部及所属的全体施工人员,邻近项目部的力量,当地乡(镇)、县(市)医院,武警官兵等力量组成应急机构,所有力量归本项目部总指挥调度。

　　③ 黄色。启动黄色应急预案时,救援组织为项目部及所属的全体施工人员,临近项目部的力量,当地乡(镇)医院等地方力量组成应急机构,所有力量归本项目部总指挥调度。

　　④ 蓝色。启动蓝色应急预案时,救援组织为项目部及所属全体施工人员组成的应急组织机构,所有力量归本项目部总指挥调度。

　　(4) 应急事先储备的物资设备及布置。在制订预警计划时,应该进行应急物资的储备并在工作面以及应急躲避场所进行布置,以备应急之需。

必须保证预警及应急救援预案所需资源的支持保障,要明确各类抢救抢险所需设备设施和材料、安全环保防护用品、必要的药品、食品的储存和保管,在数量和质量上得到保证。其他各类资源包括通信器材、交通工具等都应得到应有的保证,具体见表 5-1。

表 5-1　应急抢险救援物资及设备器材汇总表

序号	设 备 名 称	数 量	存 放 位 置
1	长臂挖掘机	2 台	施工现场
2	挖掘装载机	1 台	施工现场
3	胎式侧卸式装载机	6 台	施工现场
4	装载机	4 台	施工现场
5	运输车	10 辆	现场运输车兼用
6	九座面包车(柴油动力)	2 辆	施工现场
7	应急指挥(救援车)	2 辆	现场车辆兼用
8	离心式立式抽水泵(22 kW)	8 台	施工现场
9	潜水排污泵(QW 型)	14 台	施工现场
10	注浆泵(BW250-50)	6 台	施工现场
11	平板拖车(40 t)	1 辆	施工现场
12	锚杆注浆机	5 台	施工现场
13	水泥	200 t	材料场、施工现场
14	砂、石料(各种级配)	100 m³	材料场、施工现场
15	钢材(各种规格)	400 t	材料场、施工现场
16	木材	50 m³	材料场、施工现场
17	踏板、脚手架	25 t	物资仓库、施工现场
18	安全警戒带(50 m/卷)	100 卷	施工现场

续　表

序号	设　备　名　称	数　量	存　放　位　置
19	电筒、探照灯、头灯等照明设备（部分防水型）	各50套	施工现场
20	彩钢板围蔽（1.2 m×1.8 m）	200块	物资仓库
21	对讲机	25个	施工现场
22	彩条布	400 m	物资仓库、施工现场
23	雨衣、雨鞋、防水服	各100套	物资仓库、施工现场
24	铁锹、消防铲	200把	物资仓库、施工现场
25	缆绳、麻绳（50 m/条）	各30条	施工现场
26	沙袋	10 000袋	物资仓库、施工现场
27	编织袋	20 000只	物资仓库、施工现场
28	安全货柜	2个	施工现场
29	担架	10副	安全货柜、综合办公室
30	医疗急救箱（备有必要急救药品）	6个	安全货柜
31	安全绳	10 000 m	物资仓库和工作面
32	橡皮筏（含快速充气装置）	2个	安全货柜
33	救生圈和救生衣	100个	施工现场

在把应急物资准备齐全以后，还要对它们进行合理的布置，以保证当灾害发生时，这些设备和物资能够百分之百地发挥功效。布置时应注意以下几点：

① 采用简单实用、便于操作的手动报警装置；在各掌子面、施工作业点和已施工的危险地段附近，设置报警联动装置。保证隧道内采用的通信网络的质量，以保持通信系统畅通，洞内外紧密联系。

② 首先考虑利用施工照明用于逃生照明，优化施工供电方案，分段供电；保证作业面发生灾害时，施工照明可保持。其次，在隧道内每隔200 m在墙身上部设置一处自带蓄电池的应急照明灯。结合应急照明设置，在疏散线路适当位

置和疏散通道口顶部设置标志箱或标志牌，以便于人员疏散。

③ 每个掌子面必须放置供氧呼吸紧急救援装置、救生衣或救生圈、救生筏、缆绳或麻绳等。紧急避险场所处预存棉衣、干粮、防水照明灯、救生衣、供氧设施及橡皮筏等物品，以便遇险人员进行自救，在避开突（涌）水前期的爆发高峰后，洞内作业人员借助橡皮救生筏顺水流漂流出洞。无法逃生时，可登爬到高处等待救援。

④ 在掌子面的后面间隔 30～50 m 在隧道侧壁上焊置 2～4 个钢爬梯，在爬梯处放置棉衣、食物、救生衣或救生圈等物品，在发生突（涌）水时掌子面作业人员可爬上爬梯紧急避险，并等待洞外急救队员解救或利用救生圈或救生衣自救出洞。在隧道内距掌子面 500 m 范围内设置好安全绳。

⑤ 及时打通掌子面附近的人行横洞或车行横洞，人在逃生时建议沿隧道侧壁跑。

（5）躲避和逃生。预警发布后，除了采取一切措施预防突水突泥的发生、储备救援物资和设备外，还要制定科学的逃生路线，一旦出现情况，应立即报警并迅速逃生，如果来不及外逃，选择就近躲避场所躲避，等待时机自救或外界救援。

在突水突泥灾害发生时，应该遵循"迅速武装，选择最佳逃生路线，积极逃生"的原则，"时间充足向洞口逃，时间较紧向高洞逃，时间紧迫向就近的避难所逃"，以便自救和方便他救。

现以乌池坝隧道为例，给出发生突水事故时的逃生路线设计。乌池坝隧道左、右洞底板不在同一高程，左洞底板比右洞高 3 m 多，进口为顺坡施工，出口为逆坡施工，应及时打通所有的行人和行车横洞，发生灾害时可减轻突水洞的负担和便于逃生。不同隧道掌子面发生突水突泥灾害时，逃生路线如图 5 - 11～图 5 - 14 所示。

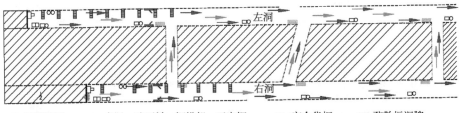

📐 报警装置　∞ 水泥、砂石料、钢拱架、工字钢　▭ 安全货柜　▨ 疏散标识牌
▭ 应急灯　▌钢爬梯　→ 逃生路线　→ 排水路线　⊮ 防水闸门　◈ 突水位置

注：供氧呼吸紧急救援装置、橡皮筏、救生衣、救生圈、安全绳、缆绳或麻绳等物品按本节所述原则放置。（逃生路线图随着隧道掘进及时更新）

图 5 - 11　乌池坝隧道出口右洞掌子面附近突水逃生路线

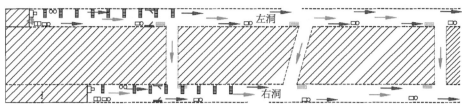

☐ 报警装置　　∞水泥、砂石料、钢拱架、工字钢　　▭ 安全货柜　　▨ 疏散标识牌
⊡ 应急灯　　▌钢爬梯　　━➤逃生路线　　━➤排水路线　　⛩ 防水闸门　　◀突水位置

注：供氧呼吸紧急救援装置、橡皮筏、救生衣、救生圈、安全绳、缆绳或麻绳等物品按本节所述原则放置。（逃生路线图随着隧道掘进及时更新）

图 5-12　乌池坝隧道出口左洞掌子面附近突水逃生路线

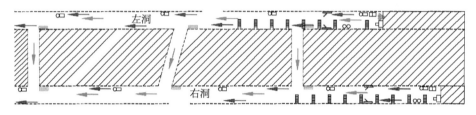

☐ 报警装置　　∞水泥、砂石料、钢拱架、工字钢　　▭ 安全货柜　　▨ 疏散标识牌
⊡ 应急灯　　▌钢爬梯　　━➤逃生路线　　━➤排水路线　　⛩ 防水闸门　　◀突水位置

注：供氧呼吸紧急救援装置、橡皮筏、救生衣、救生圈、安全绳、缆绳或麻绳等物品按本节所述原则放置。（逃生路线图随着隧道掘进及时更新）

图 5-13　乌池坝隧道进口左洞掌子面附近突水逃生路线

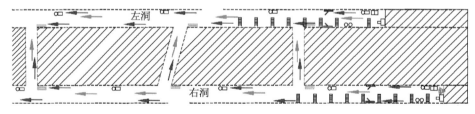

☐ 报警装置　　∞水泥、砂石料、钢拱架、工字钢　　▭ 安全货柜　　▨ 疏散标识牌
⊡ 应急灯　　▌钢爬梯　　━➤逃生路线　　━➤排水路线　　⛩ 防水闸门　　◀突水位置

注：供氧呼吸紧急救援装置、橡皮筏、救生衣、救生圈、安全绳、缆绳或麻绳等物品按本节所述原则放置。（逃生路线图随着隧道掘进及时更新）

图 5-14　乌池坝隧道进口右洞掌子面附近突水逃生路线

（6）应急救援队伍。组织三支约 100 人的应急队伍，人员必须是常驻工地员工；身体和精神健康；了解工地及周围情况；平时进行培训、演练，做到招之即来，来者能战，战之有术，能从容应对突水突泥突发事件。

（7）应急经费。预警及应急救援预案必须得到必要的资金支持，项目部根据实际情况编制预案所需经费预算，包括演习演练费用，经安全领导小组批准后，实行专款专用。

预警及应急救援机制建立、确定并经有效的培训后，项目部应适时组织预警及应急救援演练，应于工程开工后组织一次应急演练并在施工期间至少每半年组织一次演练，使员工熟悉并掌握预案有关要求、提高应急反应协调能力，演习结束后及时总结，改进预案存在的缺陷与不足。

5.2.2.3　风险转移

工程中的风险转移是指风险承担者通过一定的途径将风险转嫁给其他承担者。工程项目风险管理广泛使用的风险转移方式有：① 设定保护性合同条款；② 工程担保；③ 工程保险。

在还没有发生风险时，根据风险分析得到的结果，通过一定的手段把风险转移给第三方是必要的。但转移风险并不是转嫁损失，有些承包商可能无法控制的风险因素，在其他主体那里却可以得到控制。转移风险并不一定会减少风险的危害程度，它只是将风险转移给另一方来承担。转移工程风险的措施主要包括以下几项：

1）设定保护性合同条款

通过合理设置合同的保护性条款来转嫁风险的成本（包括损失发生后的处理成本和合同履行成本）。其中的合同履行成本是由于合同设置了保护性条款，合同的履行变得复杂，由此而增加的成本。

2）工程保险

工程保险是指业主和承包商为了工程项目的顺利实施，向保险人（公司）支付保险费，保险人根据合同约定对在工程建设中可能产生的财产和人身伤害承担赔偿保险金责任。工程保险一般分为强制性保险和自愿保险两类。

工程保险是对工程项目在实施期间的所有风险提供全面的保险，即对施工期间工程本身、工程设备和施工机具以及其他物质所遭受的损失予以赔偿，也对因施工而给第三者造成的人身伤亡和物质损失承担赔偿责任。

购买保险是一种非常有效的转移风险的手段，通过保险可以将自身面临的风险很大程度上转移给保险公司，让他们来承担风险，以将不确定性化为一个确定的费用。对于水电建筑工程项目，由于风险高度集中，且在各阶段复杂，特别是某些阶段风险发生频繁，某些阶段风险发生后造成的损失巨大，因此，采用签订商业保险合同转移风险，对应对风险造成的巨大损失有重要意义。比如，位于澜沧江中下游河段小湾水电站右岸砂石料系统大砂坝，于 2002 年 8 月 17 日因暴雨导致特大泥石流灾害自然事故，造成 5 人死亡，2 人失踪，18 人受伤。事故发生后，为防止损失增加扩大，业主按合同要求报送了工程损失及相关支持材料，并申请索赔金额 1 966 909 元。根据专家现场查勘、调查、理算本次因暴雨导致的特大泥石流灾损案件，属于建筑工程一切险中的自然灾害范围，属于保险责任范围，实际损失金额扣除免赔额后赔付金额为 1 061 825.82 元。

3）工程担保

工程担保是指担保人（一般为银行、担保公司、保险公司、其他金融机构、商业团体或个人）应工程合同一方（申请人）的要求向另一方（债权人）做出的书面承诺。工程担保是工程风险转移措施的又一重要手段，它能有效地保障工程建设的顺利进行。许多国家政府都在法规中规定要求进行工程担保，在标准合同中也含有关于工程担保的条款[66]。

常见的工程担保种类如下：① 投标担保：指投标人在投标报价之前或同时，向业主提交投标保证金（俗称抵押金）或投标保函，保证一旦中标，则履行受标签约承包工程。一般投标保证金额为标价的 0.5%～5%。② 履约担保：是为保障承包商履行承包合同所做的一种承诺。一旦承包商没能履行合同义务，担保人给予赔付，或者接收工程实施义务，而另觅经业主同意的其他承包商负责继续履行承包合同义务。这是工程担保中最重要的，也是担保金额最大的一种工程担保。③ 预付款担保：要求承包商提供的，为保证工程预付款用于该工程项目，不准承包商挪作他用及卷款潜逃。④ 维修担保：是为保障维修期内出现质量缺陷时，承包商负责维修而提供的担保，维修担保可以单列，也可以包含在履约担保内，有些工程采取扣留合同价款的 5% 作为维修保证金。

5.2.3　风险处理机制

地下工程特别是地下岩石工程事故的分析和处理是一项复杂的、经验性很强的技术工作，发生事故的原因很多，要求快速、有效、准确地识别故障原因并采取有效措施。目前，在安全科学领域中，计算机技术已与安全管理、安全评价、风险分析预测等工程技术广泛结合，利用计算机准确及高速度的科学计算功能进行安全分析、事故诊断、安全决策等任务，并且紧密地与专家丰富的经验相结合组成一个可以故障处理和分析系统来实现对各种风险信号的处理的平台。

专家系统内部含有大量的某个领域专家水平的知识与经验；能够利用人类

专家的知识和解决问题的方法来处理该领域问题。利用专家的经验快速给出处理措施,辅助管理人员进行事故处理,提高地下工程的安全经济运行水平。

5.2.4　风险后评估机制

事故处理结束后,应对事故留下的现场进行清理,对伤员进行正常的治疗,对群众或家属做好解释、安慰工作,稳定他们的情绪,帮助他们树立灾后重建的信心,对整个事件原因、应急措施进行总结、改进。

对于事件发生后的处理,对事件进行详细调查、分析后,按项目部所在总公司的程序文件和处理意见进行相关处理,编写应急救援工作总结,报公司安全部和指挥部安全管理部门。在应急救援宣布结束后,应总结灾害的经验教训并进行备案,以预防以后事故的发生。

综上所述,针对复杂地质环境下地下工程施工中潜在的地质灾害(地表塌陷、地下水体管线断裂、突水、突泥、岩爆),研发超前实时预测预报技术、不同类别地质构造快速探测及识别技术、施工全程超前地质信息采集与精确分析技术,构建突发性地质灾害实时预警预报与施工预案专家系统,缩短预警反应时间,提高预报准确率,保障地下工程安全快速施工。

5.3　工程应用

5.3.1　隧道现场情况

大岭隧道全长 1 926.7 m(左线 961.7 m,右线 965 m),双洞八车道,分离式结构,最大开挖宽度 20.008 m,隧道净宽 17.608 m,净高 8.961 m,为公路特大断面隧道。

大岭隧道进口位于小岭村南,出口位于大岭村南三岔路口西侧,隧道左线起讫里程 ZK6+511.3～ZK7+473,长 961.7 m,右线起讫里程 YK6+535～YK7+500,长 965 m。采用分离式结构,左右线相距 15～50 m,属中隧道。为了使隧道施工风险评估软件更好应用到工程实际当中,对大岭隧道左线 K7+278～K7+300 标段现场施工及隧道周围围岩稳定性情况进行调查研究。对隧道掌子面围岩情况、地下水发育情况、施工设备情况、施工人员安全管理情况、监控量测及超前地质预报情况进行调查,现场实际情况如图 5-15～图 5-19所示。

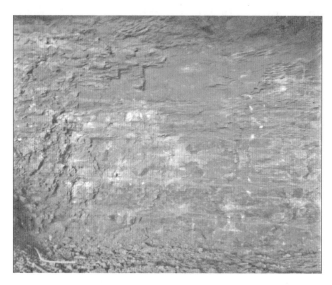

图 5-15　掌子面围岩

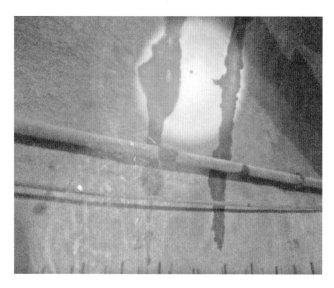

图 5-16　隧道初衬渗水

　　将隧道实际情况反馈给专家,专家对不同风险指标值及其对应的风险等级有一个判断,对不同专家有关大岭隧道施工风险等级评价意见进行调查统计打分,得到大岭隧道超大断面隧道风险指标体系中的非定量化指标的定量化数据。

图 5 - 17　超前地质预报

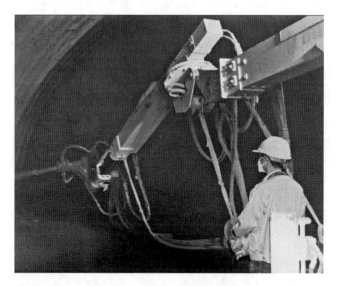

图 5 - 18　施工人员安全管理

5.3.2　系统软件应用

通过超大断面隧道施工风险评级软件系统在大岭隧道上的应用,可以在节省工程当中相关风险评估工作在人力物力上的投入的同时,提高当前工程当中

图 5-19　供电设备

风险评估工作的效率,软件系统友好的交互界面更可以将当前隧道施工风险状态进行清晰明了的展示,为相关工作人员更好地开展风险评估工作提供便利。

　　进入系统首先进入登录界面,在登录界面可进行系统管理操作,查看项目基本信息、施工安全信息、施工全过程风险信息、超前地质预报信息及监控量测信息,如图 5-20~图 5-22 所示。

图 5-20　登录界面

图 5-21 地质图形可视化

图 5-22 系统后台登录界面

系统管理界面模块主要分为机构管理、用户管理、角色管理、权限管理、资源管理、菜单管理、参数管理、数据字典八个部分,如图 5-23 所示。

其中用户管理界面如下,在用户管理界面输入账号密码可以查阅用户相关信息,如图 5-24~图 5-26 所示。

进入施工过程检测界面点选添加掌子面信息,可对掌子面开挖时间的信息进行编辑操作,如图 5-27 所示。

系统支持对隧道围岩等级信息进行管理,进入

图 5-23 系统管理菜单

图 5-24　用户管理界面

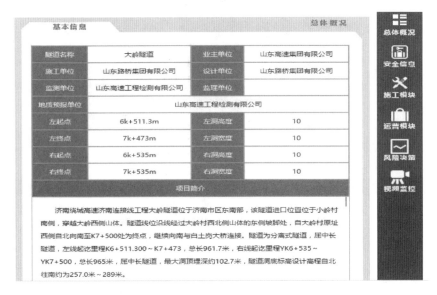

图 5-25　基本信息界面

图 5-26　部分功能模块菜单

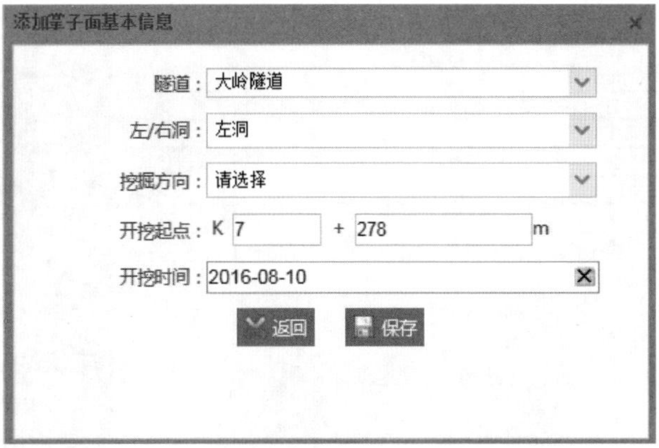

图 5－27　大岭隧道施工管理界面

围岩信息管理界面可以对隧道不同标段的长度信息、围岩等级信息、岩性信息、BQ 值信息以及围岩特性信息进行编辑操作，如图 5－28 和图 5－29 所示。

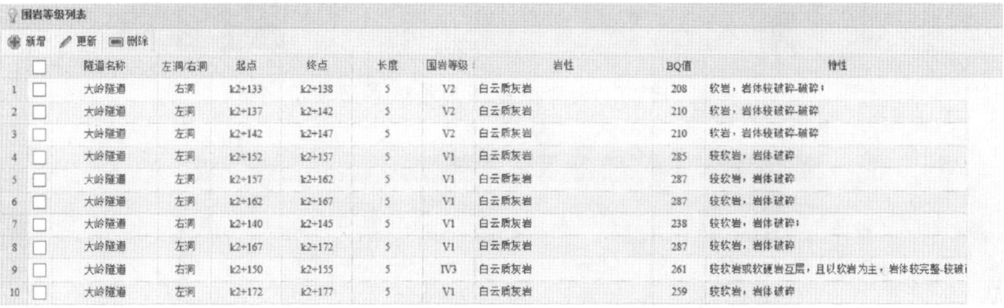
围岩等级列表

新增　更新　删除

	隧道名称	左洞/右洞	起点	终点	长度	围岩等级	岩性	BQ值	特性
1	大岭隧道	右洞	k2+133	k2+138	5	V2	白云质灰岩	208	软岩，岩体较破碎-破碎；
2	大岭隧道	左洞	k2+137	k2+142	5	V2	白云质灰岩	210	软岩，岩体较破碎-破碎
3	大岭隧道	左洞	k2+142	k2+147	5	V2	白云质灰岩	210	软岩，岩体较破碎-破碎
4	大岭隧道	左洞	k2+152	k2+157	5	V1	白云质灰岩	285	较软岩，岩体破碎
5	大岭隧道	左洞	k2+157	k2+162	5	V1	白云质灰岩	287	较软岩，岩体破碎
6	大岭隧道	左洞	k2+162	k2+167	5	V1	白云质灰岩	287	较软岩，岩体破碎
7	大岭隧道	右洞	k2+140	k2+145	5	V1	白云质灰岩	238	较软岩，岩体破碎；
8	大岭隧道	左洞	k2+167	k2+172	5	V1	白云质灰岩	287	较软岩，岩体破碎
9	大岭隧道	右洞	k2+150	k2+155	5	IV3	白云质灰岩	261	较软岩或软硬岩互层，且以软岩为主，岩体较完整-较破
10	大岭隧道	左洞	k2+172	k2+177	5	V1	白云质灰岩	259	较软岩，岩体破碎

图 5－28　大岭隧道围岩等级后台管理

系统同样支持对大岭隧道监控量测信息进行归纳整理，进入监控量测管理界面，可以对隧道监测点及测线的初始数据及埋设时间进行管理操作，如图 5－30 所示。

大岭隧道超大断面隧道施工风险评级系统具有友好的用户界面，可以便于隧道风险管理人员对施工过程中的监控量测信息、超前地质预报信息及人员设备等信息进行操作及管理，大大简化了相关工作人员的工作量，提升了隧道施工风险评估工作效率。

5.3.3　施工过程风险评估流程

5.3.3.1　权重计算

通过对隧道施工现场进行实地勘查，根据相对重要性准则构建各指标因素

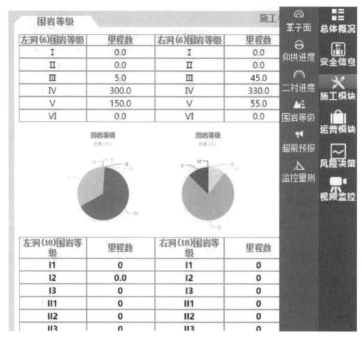

图 5-29　大岭隧道围岩等级界面展示

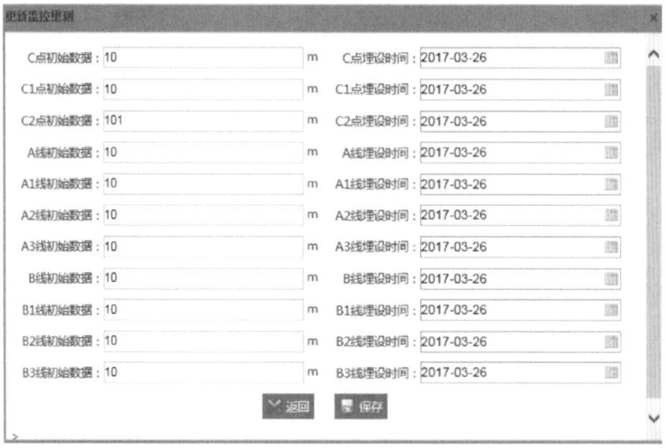

图 5-30　大岭隧道监控量测管理

相对重要性判断矩如下：

隧道整体风险对应层次分析法一级指标因素相对重要性判断矩阵为

$$\boldsymbol{A} = \begin{bmatrix} 1 & 3/2 & 5/4 \\ 2/3 & 1 & 4/5 \\ 4/5 & 5/4 & 1 \end{bmatrix}$$

地质因素下二级指标相对重要性判断矩阵为

$$A_1 = \begin{bmatrix} 1 & 1 & 2 \\ 1 & 1 & 1 \\ 1/2 & 1 & 1 \end{bmatrix}$$

人员设备因素下二级指标相对重要性判断矩阵为

$$A_2 = \begin{bmatrix} 1 & 3/2 & 1/2 \\ 2/3 & 1 & 1/3 \\ 2 & 3 & 1 \end{bmatrix}$$

监控量测因素下二级指标相对重要性判断矩阵为

$$A_3 = \begin{bmatrix} 1 & 1 & 3/2 \\ 1 & 1 & 1 \\ 2/3 & 1 & 1 \end{bmatrix}$$

根据式(3-11)~式(3-13)可以计算归一化处理之后的最大特征向量及最大特征值,并对判断矩阵的可行性进行一致性判定,结果如下

$$W = [0.405\,0 \quad 0.266\,4 \quad 0.328\,5], \lambda_{max} = 3.000\,2, CR = 0.000\,2$$

$$W_1 = [0.412\,5 \quad 0.327\,5 \quad 0.259\,9], \lambda_{max1} = 3.053\,6, CR = 0.462\,1$$

$$W_2 = [0.272\,8 \quad 0.181\,8 \quad 0.545\,4], \lambda_{max2} = 3.000\,0, CR = 0.000\,0$$

$$W_3 = [0.379\,2 \quad 0.331\,3 \quad 0.289\,4], \lambda_{max3} = 3.018\,3, CR = 0.015\,8$$

5.3.3.2 梯形云模型构建

通过对已往有关单轴抗压强度、岩石质量指标等一系列单因素隧道施工风险影响因素指标进行分析归纳,结合梯形云模型相关理论方法构建梯形云模型数字特征,见表5-2。

表5-2 梯形云模型数字特征

等级	单轴抗压强度				岩石质量指标				不良地质指标评分值			
	Ex_1	Ex_2	En	He	Ex_1	Ex_2	En	He	Ex_1	Ex_2	En	He
Ⅰ	—	250	25	7	90	100	1.5	0.5	90	100	1.5	0.5
Ⅱ	120	180	25	7	75	85	3	1	75	85	3	1

续　表

等级	单轴抗压强度				岩石质量指标				不良地质指标评分值			
	Ex_1	Ex_2	En	He	Ex_1	Ex_2	En	He	Ex_1	Ex_2	En	He
Ⅲ	50	100	8	2.5	50	70	5	1.2	60	70	5.00	1.2
Ⅳ	30	—	8	2.5	60	0	10	3.5	50	0	7	3

等级	防护用具使用				设备操作管理				施工组织管理			
	Ex_1	Ex_2	En	He	Ex_1	Ex_2	En	He	Ex_1	Ex_2	En	He
Ⅰ	90	100	1.5	0.5	90	100	1.5	0.5	90	100	1.5	0.5
Ⅱ	75	85	3.0	1.0	75	85	3.0	1.0	75	85	3.0	1.0
Ⅲ	60	70	5.0	1.2	60	70	5.0	1.2	60	70	5.00	1.2
Ⅳ	50	0	7.0	3.0	50	0	7.0	3.0	50	0	7.0	3.0

等级	拱顶沉降				周边收敛位移				地表沉降			
	Ex_1	Ex_2	En	He	Ex_1	Ex_2	En	He	Ex_1	Ex_2	En	He
Ⅰ	0	3	0.75	0.25	0	3	0.70	0.20	0	5	0.9	0.30
Ⅱ	5	9	1.0	0.30	5	8	1	0.30	7	10	0.7	0.28
Ⅲ	10	13	1.2	0.32	9	12	1	0.32	12	17	0.7	0.26
Ⅳ	15	—	1.5	0.35	13	—	1	0.32	20	—	1.0	0.37

通过随机定义论域值大小,将以上云模型数字特征利用 MATLAB 数值分析软件导入一维 X 条件下正向云算法得到风险指标在不同风险等级下的点隶属度云图。

通过梯形云模型图可分析得到,随着风险指标数据的变化,其对应的某一风险等级呈现先增加、后平缓、最后逐渐降低导致隶属度趋于 0 的态势,其随机性则呈现出先减小、后平缓、最后逐渐增大的态势。

5.3.3.3　模糊综合评判

通过对大岭隧道施工现场的实地勘探及测量,获取大岭隧道 K7＋278～K7＋300 标段工程数据,见表 5 - 3。

表 5-3　大岭隧道 K7+278~K7+300 标段工程数据

风险指标	指标数据	风险指标	指标数据	风险指标	指标数据
单轴抗压强度/MPa	53.7	防护用具使用	80	拱顶沉降/mm	9.3
岩石质量指标	63.2	设备操作管理	65	周边收敛位移/mm	8.9
不良地质评分	67	施工组织管理	70	地表沉降/mm	13

将工程数据带入一维 X 条件下的正向云算法,结合模糊综合评判 $M(\cdot, \oplus)$ 算子求得风险隶属度向量如下

$$\boldsymbol{B} = \begin{bmatrix} 0.013\,2 & 0.075\,4 & 0.253\,7 & 0.063\,4 \end{bmatrix}$$

$$\boldsymbol{B}_1 = \begin{bmatrix} 0.084\,2 & 0.132\,8 & 0.353\,7 & 0.093\,4 \end{bmatrix}$$

$$\boldsymbol{B}_2 = \begin{bmatrix} 0.017\,3 & 0.097\,7 & 0.156\,3 & 0.162\,8 \end{bmatrix}$$

$$\boldsymbol{B}_3 = \begin{bmatrix} 0.004\,1 & 0.092\,8 & 0.273\,7 & 0.063\,4 \end{bmatrix}$$

根据最大隶属度原则,当前大岭隧道 K7+278~K7+300 标段整体隧道施工风险为Ⅲ级,其中地质因素造成的隧道施工风险等级为Ⅲ级,人员设备因素造成的隧道施工风险等级在Ⅲ~Ⅳ级之间,监控量测数据反映的隧道施工风险等级为Ⅲ级。由层次分析法得到的计算结果可知,地质因素对大岭隧道施工安全的影响最大,其次是监控量测因素对隧道施工安全的影响,最后是人员及设备对隧道施工安全的影响较小,需要对大岭隧道地质环境可能造成的施工风险加强关注。由模糊综合评判计算结果可知,当前隧道施工风险在可接受范围之内,但是需要加强对隧道施工风险中的人员及设备进行有效管理。隧道整体地质条件一般,需要在施工过程中引起注意。监控量测数据反映的隧道整体稳定性与地质因素反映的隧道施工风险等级比较一致,可信度较高。

5.3.3.4　风险控制措施

要针对项目特点,制定并修改相应安全管理规章制度,加强执行并做好检查记录,并及时进行整改闭合;完善相关应急预案并定期进行演练;隧道施工前期即应对进场劳务人员加强教育培训,使其了解本隧道作业风险,树立危险防控意识,在隧道进洞之前即施作好洞顶及边仰坡排水系统,根据围岩情况的不同,确定合理的施工步距,及时施作二衬。

选择合适的开挖方法并根据施工进度及时调整安全逃生管道的位置;在隧道开挖过程中现场管理人员及监理人员严格把控,杜绝锚杆搭设不足或深度不够、喷射混凝土厚度不足、钢拱架及钢筋网片间距不满足要求等偷工减料行为;严格控制爆破参数,严禁爆破完之后支护未达到再次开挖下一循环。

加强现场标准化建设和机械化作业程度,尽量减少洞内作业人员数量,对每种机械设备安排专人进行维修保养并建立台账;发挥现场安全管理人员作用,及时纠正现场操作人员的习惯性违章,隧道内人员必须佩戴好劳保用品,特种作业人员必须持证上岗;加强隧道内照明设备以及反光标志的安装,及时对损坏处进行更换;隧道内应备足应急材料及食品,保障人员安全。

监控量测是施工中的重要工序,边仰坡及隧道开挖后要及时布设观测点,地勘资料显示不良地质部位或施工中围岩变形较大部位要加密布设点并加大监测频率;现场支护发生变更时,也必须加密监控量测频率。

综上,本章在系统设计的基础上,针对超大断面隧道开发隧道施工安全管理系统。针对隧道施工安全管理要求,系统设计了登录、安全信息管理、施工全过程监测、信息融合分析模块及预警预报信息四个模块,基本实现了超大断面隧道基本信息管理、超大断面隧道施工全过程监测和超前地质预报综合分析及超大断面隧道重大灾害源实时监测预警分析的要求,将云模型理论引入风险信息评估模块中,提高了超大断面隧道施工风险评估结果的可靠性。设计了直观及可操作性强的系统构架,便于数据资料的收集及整理,达到了施工风险评估中对风险控制高效、准确及便利性的要求。

主要研究了地下洞室群工程的风险控制措施。在前面几章研究的风险分析的基础上,用 VB 语言开发了 Stability Risk Assessment Analysis 软件,界面窗口简单、易懂,便于设计、施工人员方便快捷地得到所要评价工程的风险等级,使风险评估工作具有更强的实用性和可操作性。其次,从风险预警、风险处理和风险后评估三个方面进行了风险控制措施的研究,着重结合沪蓉西高速公路乌池坝隧道工程施工中的突发事件紧急预案演练为例讲述了风险预警机制的建立。研究表明,各种技术的综合运用在风险控制中是必要的。

本章在 J2EE 框架基础上设计开发超大断面隧道安全管理系统,系统能对隧道施工全过程中的一些基本施工信息进行全方位的展示,针对施工中重要的隧道工程进度、施工监测结果等进行了可视化展示,展示结果使参建各方能及时掌握隧道施工中的动态信息。同时,在建立的隧道施工风险评估的基础上,采用隧道施工全过程的风险评估流程,以基于梯形云模型的隧道施工风险评估方法,将隧道施工中的定性数据向定量数据进行转化,实现了对指标体系的有效量化,结合模糊综合评价方法,对大岭隧道的具体一段施工进行了有效的风险评估,最终的风险评估结果为Ⅲ级,根据其中的权重占比情况,地质因素应作为下一评估阶段的风险识别重点因素,并提出了有效的风险控制措施。总体而言,超大断面隧道施工全过程的安全管理系统和风险评估方法在超大断面隧道的风险管控中得到了有效应用。

hapter 6

第 6 章

地下工程开挖引起地质环境
损害机理分析

在岩体内开挖地下洞室必然扰动或破坏原先处于相对平衡状态的应力场，从而在一定范围内引起地应力重新分布，其结果是引起洞室各点的位移并且会导致岩体发生某种程度的变形，适应应力的这种变化达到新的平衡，这种现象称为应力重分布，但应力重分布仅限于洞室周围一定范围的岩体，而在此范围之外仍保持初始应力状态。把洞室周围发生应力重分布的这部分岩体称为围岩，而把重新分布后的应力状态称为二次应力状态或围岩应力状态，它不仅与开挖前的初始应力状态、洞室的形状及位置、岩体的物理力学性质等因素有关，而且与支护时间及支护的几何特征、力学性质等因素有关。当重新分布的应力达到或超过岩体的强度极限时，除了发生弹性变形外，还将出现较大的塑性变形。当应力发展到一定程度时，就会造成围岩破坏与失稳等岩土体环境损害。同时，地下开挖还会使地表发生位移沉陷，对地表环境造成损害。为了确保工程的稳定与安全，必须对地下结构进行抗损害设计，以防止更大灾害的发生。

因此要研究地下结构的抗损害设计，必须首先认识和了解地下开挖引起的地质应力环境、岩土体环境和地表环境的损害，研究地下开挖对地质环境的损害机理，才能为地下结构的抗损害设计奠定基础。

6.1　地下工程开挖引起的地质应力环境损害

地质应力环境的损害即围岩的二次应力状态。若将初始应力看作一次应力状态，那么二次应力状态就是经人工开挖引起的、应力调整后的应力状态。由大量的工程实践所观察到的围岩的二次应力状态主要可以分为以下三种：

(1) 围岩应力的弹性分布。岩体自身强度比较高或者作用于岩体的初始应力比较低，使得洞室周围的应力状态都在弹性应力范围内。理论上说，这种情况不必进行有关的支护,即可保持稳定。

(2)围岩应力的塑性分布。由于作用岩体的初始应力较大或岩体自身的强度较低,洞室开挖后,洞周的部分岩体应力超出了岩体的屈服强度,岩体进入塑性状态。随着与洞壁的距离增大,最小主应力也随之增大,提高了岩体的强度,并促使岩体的应力状态转为弹性状态。处在弹塑性分布的洞室,必须进行支护,否则洞周的岩体将产生失稳,影响地下工程的正常使用。

(3)围岩应力的时间效应。围岩的应力不仅有弹性和塑性,而且还具有时间效应。岩石的时间效应是指岩石在受力过程中存在与时间有关的变形性质。严格说,岩石的任何变形行为并非瞬间完成,而是具有一定时间历程。所以作为一个与岩石变形有关的重要参数,时间应该包含在与应力及应变有关的方程式中。当然,在大多数情况下,忽略时间因素的影响能够较好地获得围岩变形的计算与分析。但是当围岩对应力或应变的变化反应迟缓时,就必须考虑时间因素的影响。

6.1.1　围岩应力和位移的弹性分析

对于完整、均匀、坚硬的岩体,无论是分析围岩的应力和位移,或是评定围岩的稳定性,采用弹性力学方法都是可以的。对于成层的或裂隙较发育的岩体,如果层理或裂隙等不连续面的间距尺寸与问题的整个尺寸相比较小,也可以利用线弹性分析。

6.1.1.1　支护洞室围岩的应力状态

在围岩开挖半径为 r_0 的圆形洞室后,其二次应力状态可用弹性力学中的基尔西(G. Kirsch)公式表示,即

$$
\left.
\begin{aligned}
\sigma_r &= \frac{\sigma_z}{2}\left[(1-\alpha^2)(1+\lambda)-(1-4\alpha^2+3\alpha^2)(1-\lambda)\cos 2\theta\right] \\[2mm]
\sigma_\theta &= \frac{\sigma_z}{2}\left[(1+\alpha^2)(1+\lambda)+(1+3\alpha^4)(1-\lambda)\cos 2\theta\right] \\[2mm]
\tau_{r\theta} &= \frac{\sigma_z}{2}(1-\lambda)(1+2\alpha^2-3\alpha^4)\sin 2\theta
\end{aligned}
\right\}
\tag{6-1}
$$

其中

$$\alpha = \frac{r_0}{r}$$

式中　r、θ ——围岩内任一点的极坐标;

σ_z ——初始地应力中的垂直应力；

σ_r、σ_θ、$\tau_{r\theta}$ ——径向应力、切向应力、剪应力；

λ ——侧压力系数，$\lambda = \dfrac{\sigma_z}{\sigma_x}$。

在轴对称条件下，即 $\lambda = 1$ 时，由式(6-1)得到

$$\left.\begin{aligned} \sigma_r &= (1 - \alpha^2)\sigma_z \\ \sigma_\theta &= (1 + \alpha^2)\sigma_z \\ \tau_{r\theta} &= 0 \end{aligned}\right\} \tag{6-2}$$

当 $\lambda \neq 1$ 时，得到洞室周边（即 $r = r_0$）的应力为

$$\left.\begin{aligned} \sigma_r &= 0 \\ \sigma_\theta &= \sigma_z\big[(1 + \lambda) + 2(1 - \lambda)\cos 2\theta\big] \\ \tau_{r\theta} &= 0 \end{aligned}\right\} \tag{6-3}$$

上式说明在洞室周边只存在切向应力，径向应力和剪应力均为零。表明地下开挖使洞室周围的围岩从二向（或三向）应力状态变成单向（或二向）应力状态。

显然，在 $\lambda < 1$ 的情况，$\theta = 0°$ 时有最大主应力，而在 $\theta = 90°$ 时有最小应力，在 $\theta = 90°$ 处恰好不出现拉应力的条件为 $\sigma_\theta = 0$，即

$$0 = (1 + \lambda)\sigma_z + 2(1 - \lambda)\sigma_z$$

发现当 $\lambda > 1/3$，周边不出现拉应力；$\lambda < 1/3$，将出现拉应力；$\lambda = 1/3$，恰好不出现拉应力；$\lambda = 0$、$\theta = 90°$ 处，拉应力最大。所以，$\lambda = 0$ 为最不利情况，$\lambda = 1$ 为均匀受压的最有利于稳定情况。

6.1.1.2　无支护洞室围岩的位移状态

在围岩中开挖半径为 r_0 的圆形洞室后，其二次应力状态可用弹性力学中的基尔西公式表示，围岩中任一点位移为

$$\left.\begin{aligned} u &= \frac{1 + \mu}{E}\frac{\sigma_z}{2}r_0\alpha\big\{(1 + \lambda) + (1 - \lambda)\big[4(1 - \mu) - \alpha^2\big]\cos 2\theta\big\} \\ v &= -\frac{1 + \mu}{E}\frac{\sigma_z}{2}r_0\alpha(1 - \lambda)\big[2(1 - 2\mu) + \alpha^2\big]\sin 2\theta \end{aligned}\right\} \tag{6-4}$$

式中　u、v ——径向位移和切向位移。

当 $\lambda = 1$ 时,洞室周边 $(r = r_0)$ 的位移成轴对称分布,有

$$\left.\begin{aligned} u_0 &= \frac{1+\mu}{E} r_0 \sigma_z \\ v_0 &= 0 \end{aligned}\right\} \tag{6-5}$$

当 $\lambda \neq 1$ 时,洞室周边的位移为

$$\left.\begin{aligned} u_0 &= \frac{1+\mu}{E} \frac{\sigma_z}{2} r_0 \left[1 + \lambda + (3-4\mu)(1-\lambda)\cos 2\theta\right] \\ v_0 &= -\frac{1+\mu}{E} \frac{\sigma_z}{2} r_0 (3-4\mu)(1-\lambda)\sin 2\theta \end{aligned}\right\} \tag{6-6}$$

通过比较式(6-6)中的径向位移和切向位移,发现围岩基本上是向洞室内移动的,只是在一定的 λ 值条件下 $(\lambda \leqslant 0.25)$,在水平直径处围岩有向两侧扩张的趋势,在大多数情况下洞室端部的下沉均大于侧壁的位移。

6.1.1.3　支护洞室围岩的应力和位移状态

当 $\lambda = 1$ 时,圆形洞室围岩应力及变形计算,只需把内压力 p_i 看作衬砌抗力即可,因而有围岩应力及变形

$$\left.\begin{aligned} \sigma_r &= \sigma_z (1 - \alpha^2) + p_i \alpha^2 \\ \sigma_\theta &= \sigma_z (1 + \alpha^2) - p_i \alpha^2 \\ u &= \frac{r_0^2}{2Gr} (\sigma_z - p_i) \end{aligned}\right\} \tag{6-7}$$

6.1.2　围岩应力和位移的塑性分析

地下开挖后围岩应力重新分布,并出现应力集中。如果围岩应力处处小于岩体强度,这时岩体处于弹性状态。反之,如果围岩局部应力超过岩体强度,则围岩进入塑性或破坏状态。围岩的塑性或破坏状态有两种情况:

(1)围岩局部的拉应力达到抗拉强度,产生局部受拉分离破坏。

(2)围岩局部的剪应力达到抗剪强度,使这部分围岩进入塑性状态,但其余部分围岩仍处于弹性状态。

在无支护的情况下,可以用式(6-3)判断围岩是否进入塑性状态或受拉状态。当洞室围岩切向应力 σ_θ 满足 $\sigma_\theta = \sigma_z[(1+\lambda) - 2(1-\lambda)\cos 2\theta] \geqslant \sigma_c$ 时,即认为围岩进入塑性状态;当满足 $-\sigma_\theta = -\sigma_z[(1+\lambda) + 2(1-\lambda)\cos 2\theta] \geqslant \sigma_t$

时,即认为围岩出现受拉破坏,其中 σ_c 为岩石抗压强度, σ_t 为岩石抗拉强度。

这里只介绍侧压力系数 $\lambda=1$ 时,围岩的弹塑性二次应力和位移的解析计算公式。解题的基本原理是假设在塑性区中黏聚力 c 和内摩擦角 φ 为常数,使塑性区满足塑性条件与平衡方程,使弹性区满足弹性条件与平衡方程,在弹性区与塑性区交界处既满足弹性条件又满足塑性条件。

6.1.2.1　无支护时洞室围岩弹性区的应力和位移

弹性区应力为

$$
\left.\begin{array}{l}
\sigma_{re}=\sigma_z\left(1-\dfrac{R_0^2}{r^2}\right)+\sigma_{R_0}\dfrac{R_0^2}{r^2}\\[3mm]
\sigma_{\theta e}=\sigma_z\left(1+\dfrac{R_0^2}{r^2}\right)-\sigma_{R_0}\dfrac{R_0^2}{r^2}
\end{array}\right\}
\tag{6-8}
$$

弹性区位移为

$$
u_e=\frac{R_0^2(1+\mu)}{Er}(\sigma_z-\sigma_{R_0})
\tag{6-9}
$$

6.1.2.2　无支护时洞室围岩塑性区的应力和位移

塑性区应力为

$$
\left.\begin{array}{l}
\sigma_{rp}=c\cot\varphi\left[\left(\dfrac{r}{r_0}\right)^{\frac{2\sin\varphi}{1-\sin\varphi}}-1\right]\\[3mm]
\sigma_{\theta p}=c\cot\varphi\left[\dfrac{1+\sin\varphi}{1-\sin\varphi}\left(\dfrac{r}{r_0}\right)^{\frac{2\sin\varphi}{1-\sin\varphi}}-1\right]
\end{array}\right\}
\tag{6-10}
$$

弹塑性边界为

$$
R_p=r_0\left[(1-\sin\varphi)\frac{c\cot\varphi+\sigma_z}{c\cot\varphi}\right]^{\frac{1-\sin\varphi}{2\sin\varphi}}
\tag{6-11}
$$

塑性区位移为

$$
u_p=\frac{R_0^2(1+\mu)}{Er}(\sigma_z-\sigma_{R_0})\ (r>R_p)
\tag{6-12}
$$

6.1.2.3　有支护时洞室围岩塑性区的应力和位移

塑性区应力为

$$\left.\begin{array}{l} \sigma_{\mathrm{rp}} = (p_{\mathrm{i}} + c\cot\varphi)\left[\left(\dfrac{r}{r_0}\right)^{\frac{2\sin\varphi}{1-\sin\varphi}} - 1\right] \\[4mm] \sigma_{\theta\mathrm{p}} = (p_{\mathrm{i}} + c\cot\varphi)\left[\dfrac{1+\sin\varphi}{1-\sin\varphi}\left(\dfrac{r}{r_0}\right)^{\frac{2\sin\varphi}{1-\sin\varphi}} - 1\right] \end{array}\right\} \qquad (6-13)$$

塑性区边界为

$$R_{\mathrm{p}} = r_0\left[(1-\sin\varphi)\,\frac{c\cot\varphi + \sigma_z}{c\cot\varphi + p_{\mathrm{i}}}\right]^{\frac{1-\sin\varphi}{2\sin\varphi}} \qquad (6-14)$$

塑性区位移为

$$u_{\mathrm{p}} = \frac{(1+\mu)r_0\sin\varphi}{E}(\sigma_z + c\cot\varphi)\left[(1-\sin\varphi)\,\frac{c\cot\varphi + \sigma_z}{c\cot\varphi + p_{\mathrm{i}}}\right]^{\frac{1-\sin\varphi}{\sin\varphi}} \qquad (6-15)$$

分析以上公式,可以得到如下结论:

(1) 位移和围岩的弹性模量成反比,弹性模量越小,岩体越软,位移越大,而且位移与开挖半径 r_0 成正比。

(2) 在 $\lambda=1$ 的条件下,塑性区是一个圆环,塑性区的应力 σ_{rp}、$\sigma_{\theta\mathrm{p}}$ 将随 r 的增大而增大,在 $r=R_{\mathrm{p}}$ 处为塑性区的边界,塑性区边界上的径向应力将影响弹性区的应力、应变、位移的计算。

(3) 当 $r > R_{\mathrm{p}}$ 时,将进入弹性区。由于塑性区的存在限制弹性区内的应力、应变、位移的发生,因此与无塑性区的二次应力状态相比较,各计算式中增加了由于塑性区边界上的径向应力的作用所引起的增量。

(4) 位移和初始地应力 σ_z 成正比,σ_z 越大,位移越大。当围岩摩擦角 φ 较小时,$\dfrac{1-\sin\varphi}{\sin\varphi} > 1$,位移 u_{p} 将与 σ_z 的高次方成正比,位移增加极快。当 $\varphi = 30°$ 时,$\dfrac{1-\sin\varphi}{\sin\varphi} = 1.0$,位移与 σ_z 的平方成正比;当 $\varphi > 30°$ 时,位移与 σ_z 基本呈线性关系。也就是说,当岩性不好时,地应力的增大将使洞周位移急剧增大。

(5) 黏聚力 c、摩擦角 φ 对位移的影响也很大。c、φ 值越大,位移越小。当 $p_{\mathrm{i}}=0$、$c=0$ 时,u 将是无穷大。因此若围岩松弛,不加支护,且岩体之间完全无凝聚力时,对围岩稳定很不利。

（6）若对岩体进行支护，维持岩体的 φ 在 $20°\sim30°$，c 在 $0.1\sim0.5$，那么在地应力不是很大的情况下，所需的支护抗力不是很大，一般的锚喷支护就可以满足要求。

虽然上述结论是在理想弹塑性条件下得到的，和实际的岩体状况有一定的差距，但是无论对地下开挖后地质应力环境的损害，还是后来的抗损害设计都是有一定启发性的。

6.1.3　围岩应力的时间效应

围岩应力的时间效应是指时间对围岩应力的影响，表现为在外部条件不变的情况下，应力随时间的缓慢变化。

在恒定荷载长期作用下，岩石会在比瞬时强度小得多的情况下破坏，根据目前的试验资料，对大多数岩石，长期强度与瞬时强度之比为 $0.4\sim0.8$，软的和中等坚固岩石为 $0.4\sim0.6$，坚固岩石为 $0.7\sim0.8$，表 $6-1$ 列出了某些岩石瞬时强度与长期强度的比值。当岩石承受荷载低于其瞬时强度，且持续作用时间较长时，岩石也可能发生破坏。

表 6-1　几种岩石长期强度与瞬时强度的比值

岩石强度	黏土	石灰岩	盐岩	砂岩	白垩	黏质页岩
σ_∞/σ_0	0.74	0.73	0.70	0.65	0.62	0.50

注：σ_∞ 为岩石的长期强度；σ_0 为岩石的瞬时强度。

6.1.4　围岩应力时间效应的数值模拟

经典的弹性和塑性理论认为：岩石内部的应力状态取决于外荷载的加载方式、大小及岩石内部物理和力学性质，只要上述变量保持不变，其岩石的应力应变状态保持恒定，不涉及时间因素。其实，几乎所有的材料的应力应变关系都与时间因素有关，几乎所有地下工程都存在时间效应。开挖初期围岩稳定，但是随着时间的增加，围岩承载能力下降便会导致围岩失稳，造成环境损害。因此，地下结构的设计应该尽可能地考虑围岩的时间效应。

岩体应力在发展演化过程中，各个部位的应力是随着时间的推移而变化的。FLAC^{3D} 采用显式有限差分法，通过迭代时步的增加考虑时间效应，时步的增加相对应于实际工程中时间的变化。因此，FLAC^{3D} 能够通过地下开挖迭代时步分析应力随时间的变化,很好地模拟岩土体这种应力和应变的自我调整过程。

考虑在地下开挖一蹄形洞室(图 6-1),利用迭代时步表示时间的增加,得到图 6-2 所示的最大主应力分布云图。

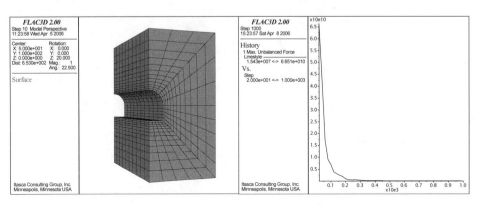

图 6-1　计算模型网格划分图及最大不平衡力变化曲线图

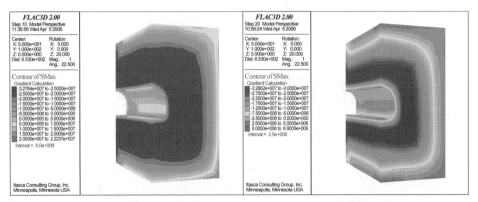

10 步时最大主应力云图　　　　　　　　20 步时最大主应力云图

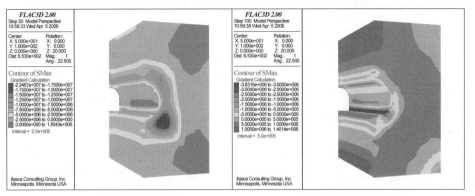

50 步时最大主应力云图　　　　　　　　100 步时最大主应力云图

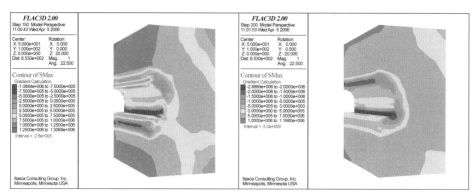

150 步时最大主应力云图　　　　　　　　200 步时最大主应力云图

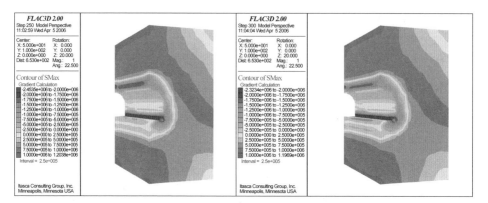

250 步最大主应力云图　　　　　　　　300 步最大主应力云图

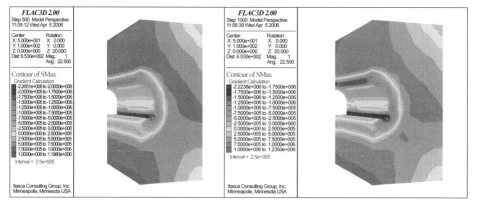

500 步最大主应力云图　　　　　　　　1000 步最大主应力云图

图 6-2　不同迭代时步下洞室最大主应力云图

从图 6 - 2 中可以看出,前 250 步洞室主应力变化较大,250 步以后变化逐渐减弱,围岩应力的时间效应在开挖初期体现的比较明显,有较大的变化,后期应力逐渐稳定。岩体的承载能力随着迭代时步的增加逐渐降低。应力集中区域由洞室拐角处逐渐向洞壁四周扩散,导致洞室产生向内收缩的位移。从数值模拟的结果可以看出,洞壁四周首先由压应力引起剪胀破坏,随着剪胀破坏向围岩深处破坏,逐步引起岩石裂隙扩张和体积膨胀,产生压应力导致顶板破坏。可见,随时间的增加洞室可能的破坏主要有三种方式:① 拐角处的应力集中破坏;② 顶板的拉伸破坏;③ 洞壁的受压破坏。破坏部位主要集中在顶板、底板和拐角处。因此,在设计支护时,这三个位置是主应力变化较大的区域,应对这些部位重点监测,适时支护,防止灾害的发生。

6.2　地下工程开挖引起的岩土体环境损害

岩土体环境损害是指由于地质应力环境损害,围岩发生应力重分布与应力集中,如果应力集中的程度超过了岩体的破坏极限,就会引起岩体发生围岩破坏与失稳,发生滑动、塌落及错位等一系列破坏现象。其中围岩破坏和地表沉陷是地下开挖引起的地质环境灾害的主要表现形式。

6.2.1　地下工程开挖引起的围岩破坏

6.2.1.1　围岩破坏类型

地下工程开挖引起的围岩破坏是地下开挖引起的灾害中最普遍、最基本的类型,任何地下工程的开挖都不可避免地出现不同程度的围岩失稳破坏,有些规模小,尚不能形成灾害,但有些大规模的冒顶、岩爆可以造成严重的后果。

围岩破坏形态多种多样,而且在围岩的不同部位不同破坏阶段,其破坏机理也不相同,按破坏形态、破坏过程及其成因,大体分成六类围岩破坏类型。

(1)局部落石破坏。这种破坏主要是由地质和施工原因造成的;就其受力原因来说,主要是由围岩自重引起的,围岩应力属次要因素;破坏部位位于洞顶,其次在两侧;破坏形式为岩块沿弱面拉断或滑移。

(2)拉断破坏。主要是由于受拉而出现的,这种破坏在抗拉强度极低的土体、破碎岩石和软弱面结构中更容易产生,一般具有拉裂破坏和折断破坏两种形式。

(3)重剪破坏。由于弱面中的剪应力超过弱面抗剪强度而造成的剪切破坏,此时岩体中的剪应力尚未超过岩石抗剪强度,所以破坏只沿着弱面发生。因此重剪破坏主要发生在岩性坚硬、弱面发育的岩体中,主要是由围岩应力引起的,受原岩应力场及弱面强度、密度、方位的影响。破坏范围要比落石破坏大得多。

(4)剪切破坏。剪切破坏是弱岩围岩中最常见的破坏形式。在高应力作用下,坚硬完整的岩体也会出现这种破坏。破坏区总是位于塑性区内,并从应力集中系数最高的部位开始和发展。

(5)岩爆破坏。表现为开挖围岩岩体被突然抛落,产生岩爆的原因是岩体内储存的弹性能被突然释放。如果岩体具有某种形式的塑性变形,能使应变能逸散,即使处于高应力作用下,也不会发生岩爆。

(6)潮解膨胀破坏。其是由于围岩遇水而引起的破坏,表现为岩体软化崩解或强烈膨胀。主要岩石类型有泥岩、黏土岩、页岩、凝灰岩、泥灰岩和硬石膏等。潮解膨胀岩具有流变性、易风化潮解、遇水泥化而丧失围岩强度,必须加速支护,尽快封闭围岩。

6.2.1.2 围岩稳定性评价方法

1)围岩稳定的理论评价方法

根据弹塑性围岩的应力和位移理论计算方法,可以建立起弹塑性围岩最终位移解析解的理论稳定性评价方法,结构框图如图6-3所示。

2)围岩分类的稳定性评价方法

围岩弹塑性理论计算方法是假定在理想情况下得到的,由于数学、力学上的复杂性,以及原岩应力和岩石力学参数测试技术的准确性,理论计算方法发展缓慢,仍处于定性使用阶段。因此,目前国内外地下工程的设计与计算,主要还处于工程类比阶段,多数计算还是根据各自的工程经验,提出经验公式,其中包括计算围岩压力的经验公式。而经验的工程类比首先要求对围岩的工程地质状况加以区分,然后才能给出相应的经验公式或经验数据,因此必须首先要对围岩进行工程分类。

工程岩体代表性分类方法有按岩石的单轴抗压强度分类、按巷道岩石稳定性分类、按岩体完整性分类、按岩体综合指标分类等。

3)地下工程岩体自稳能力的确定

利用表6-2所列的地下工程自稳能力,可以对跨度等于或小于20 m的地下工程做稳定性初步评估,当实际自稳能力与表中相应级别的自稳能力不相符时,应对岩体级别做相应的调整。

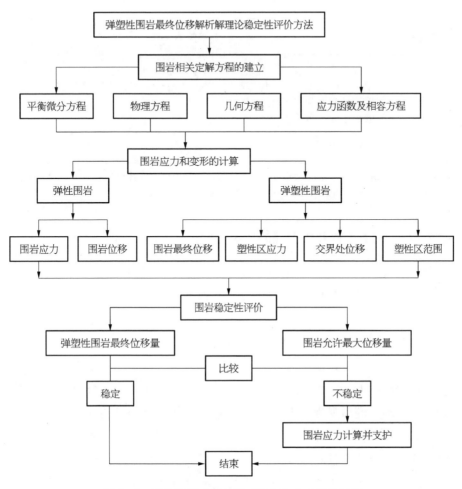

图 6-3　弹塑性围岩解析解理论评价方法结构框图

表 6-2　地下工程自稳能力

岩体级别	自稳能力
Ⅰ	跨度小于 20 m,可长期稳定,偶有掉块,无塌方
Ⅱ	跨度 10～20 m,可基本稳定,局部可发生掉块或小塌方; 跨度小于 10 m,可长期稳定,偶有掉块
Ⅲ	跨度 10～20 m,可稳定数日至一个月,可发生小至中塌方; 跨度 5～10 m,可稳定数月,可发生局部块体位移及小至中塌方; 跨度小于 5 m,可基本稳定

续　表

岩体级别	自稳能力
IV	跨度大于 5 m,一般无自稳能力,数日至数月内可发生松动变形、小塌方,进而发展为中至大塌方。埋深小时,以拱部松动破坏为主,埋深大时,有明显塑性流动变形和挤压破坏; 跨度小于 5 m,可稳定数日至一个月
V	无自稳能力

注: ① 小塌方指塌方高度小于 3 m,或塌方体积小于 30 m³;② 中塌方指塌方高度 3~6 m,或塌方体积 30~100 m³;③ 大塌方指塌方高度大于 6 m,或塌方体积大于 100 m³。

6.2.2　地下工程开挖引起的地表变形

地下工程开挖是在岩土体内部进行,因而势必引起地表变形,地表变形达到一定程度时,将影响地面建筑物的安全和地下管线的正常使用。为减少由于地下开挖而引起的上部环境的损害,对地表变形的正确预计是首要任务。

6.2.2.1　利用概率积分法计算地表变形

地下工程开挖是在复杂的岩土体中进行的,岩土体是一种成因复杂的天然介质。当岩土体因开挖而发生大量运动时,个别岩土体的运动是非常复杂的,然而地表移动及变形观测表明,岩土总的运动趋势有着明显的规律性。由于这种特性,很难用传统的弹性力学或弹塑性力学来分析,在这种情况下应用概率统计的方法可能获得较好的效果。

20 世纪 50 年代中期,波兰学者李特威尼森(Litwiniszyn)提出随机介质这个新的概念,并从统计的角度来研究地下开挖引起的地表移动问题。从统计的观点,可以把整个地下开挖分解为无限多个无限小的开挖,整个开挖对岩体及地表的影响,就等于构成这一开挖的无限小开挖对岩体影响的总和。

如图 6-4 所示,以单元岩土体被开挖出的一瞬间作为时间的起点,经过时间 t 后,某点的单元下沉量为

$$W_e(x,y,z,t) = q^2(z) \mathrm{e}^{-\frac{\pi}{r(z)}(x^2+y^2)} \mathrm{d}\xi \mathrm{d}\zeta \mathrm{d}\eta$$

单元开挖可以认为是在极快的一瞬间完成的,单元岩土体尚处于原始的位置上,但很快完成了微小的弹性变形(图 6-5)。周围岩土体向开挖空间产生运动,下沉盆地逐渐形成。这样单元下沉盆地应是时间 t 的函数,在 t 时刻,单元

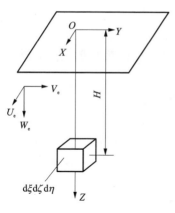

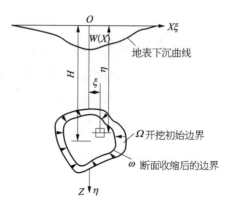

图 6-4 单元开挖的空间坐标描述[67]　　图 6-5 开挖地层断面变形收缩[68]

下沉盆地的体积 $V_e(t)$ 为

$$V_e(t) = \int_{-\infty}^{+\infty}\int_{-\infty}^{+\infty} q^2(z) e^{-\frac{\pi}{r^2(z)}(x^2+y^2)} d\xi d\zeta d\eta dx dy \quad (6-16)$$

根据 A. Salustowicz 假设,下沉体积的增长率与开挖残留的体积成正比,即

$$\frac{dV_e}{dt} = c(1-V_e)$$

式中　c——比例系数,也称下沉时间系数。

按照条件 $t=0$, $V_e=0$ 及 $t\to\infty$, $V_e=1$,解方程可得

$$V_e = 1 - e^{-ct}$$

代入式(6-16)得到

$$q^2(z) = \frac{1}{r^2(z)}(1-e^{-ct})$$

得到岩体在 Z 高度上单元下沉的最终表达式为

$$W_e(x, y, z, t) = \frac{1}{r^2(z)}(1-e^{-ct}) e^{-\frac{\pi}{r^2(z)}(x^2+y^2)} d\xi d\zeta d\eta$$

对于地下洞室开挖引起的下沉为

$$W(x,\,y,\,z) = \iiint\limits_{\Omega} \frac{1}{r^2(z)} (1 - \mathrm{e}^{-ct}) \mathrm{e}^{-\frac{\pi}{r^2(z)}(x^2+y^2)} \,\mathrm{d}\xi \mathrm{d}\zeta \mathrm{d}\eta \qquad (6-17)$$

式中　Ω——地下洞室具体的三维形状,可以直接计算矩形、圆形、椭圆形洞室,复杂的形状可以根据数值方法。

仅考虑在平面应变条件下,开挖引起的下沉公式为

$$W(X) = \iint\limits_{\Omega} \frac{\tan\beta}{\eta} \exp\left[-\frac{\pi \tan^2\beta}{\eta^2}(X-\xi)^2\right] \mathrm{d}\xi \mathrm{d}\eta \qquad (6-18)$$

$$r(z) = \frac{\eta}{\tan\beta}$$

式中,β 为主要影响角,取决于开挖所处的地层条件。

实际上,任何地下工程都不允许完全塌落,式(6-18)计算所得到的地表下沉为最不利情况。在地下结构施工过程中,常常对地层采取预处理和开挖后采取支护措施,使地下结构建成后,周围岩土体仅发生微小的位移。因此引起地表沉降的原因只是周围岩土体向开挖空间运动而导致的开挖断面的收缩。如果隧道开挖初始断面为 Ω,建成后开挖断面由 Ω 收缩为 ω(图6-5),则根据叠加原理,地表下沉应当等于开挖范围 Ω 引起的下沉与开挖范围 ω 引起的下沉之差,即

$$W(X) = W_\Omega(X) - W_\omega(X) = \iint\limits_{\Omega-\omega} \frac{\tan\beta}{\eta} \exp\left[-\frac{\pi \tan^2\beta}{\eta^2}(X-\xi)^2\right] \mathrm{d}\xi \mathrm{d}\eta$$

$$(6-19)$$

为了研究岩土体的水平移动,可以将开挖引起的岩土体的变形视为不可压缩过程,即岩土体的体积应变为零,对于三维问题,有

$$\varepsilon_{ex} + \varepsilon_{ey} + \varepsilon_{ez} = 0 \qquad (6-20)$$

式中　ε_{ex}、ε_{ey}、ε_{ez}——单元岩土体沿 x、y、z 方向的应变。

对于二维平面应变,$\varepsilon_{ey} = 0$,同时,单元开挖引起的上覆岩土体的移动可认为是连续的,则

$$\left. \begin{aligned} \varepsilon_{ex} &= \frac{\partial U_e(x)}{\partial x} \\[2mm] \varepsilon_{ez} &= \frac{\partial W_e(x)}{\partial z} \end{aligned} \right\} \qquad (6-21)$$

将式(6-21)带入式(6-20)中,得

$$\frac{\partial U_e(x)}{\partial x} + \frac{\partial W_e(x)}{\partial z} = 0 \qquad (6-22)$$

解方程(6-22)得到在平面应变条件下,单元开挖的水平位移为

$$U_e(x) = -\int \frac{\partial W_e(x)}{\partial z} \mathrm{d}x + f(z) \qquad (6-23)$$

根据边界条件,由于对称的原因,开挖单元中心线上的点不应发生水平位移,而且当距离单元中心线无穷远时,地表的水平位移为 0,即当 $x=0$,$U_e(0) = 0$;$x \to \infty$,$U_e(\infty) = 0$,可得任意开挖影响下地表各点水平位移为

$$U_e(x) = \frac{x}{r(z)} \frac{1}{z} \mathrm{e}^{-\frac{\pi}{r^2(z)}x^2 + y^2} \qquad (6-24)$$

同样,根据叠加原理,地表水平位移应当等于开挖范围 Ω 引起的水平位移与开挖范围 ω 引起的水平位移之差,即

$$U(X) = U_\Omega(X) - U_\omega(X) = \iint\limits_{\Omega-\omega} \frac{(X-\xi)\tan\beta}{\eta^2} \exp\left[-\frac{\pi\tan^2\beta}{\eta^2}(X-\xi)^2\right] \mathrm{d}\xi \mathrm{d}\eta$$

$$(6-25)$$

地下结构施工所引起的地表变形主要指由于地表不均匀沉降而导致的地表倾斜 $T(X)$,不均匀的水平位移所引起的水平变形 $E(X)$,通过对式(6-19)和式(6-25)进行微分运算,$T(X)$ 和 $E(X)$ 分别可表示为

$$T(X) = \frac{\mathrm{d}W(X)}{\mathrm{d}X} = \iint\limits_{\Omega-\omega} \frac{-2\pi\tan^3\beta}{\eta^3}(X-\xi)\exp\left[-\frac{\pi\tan^2\beta}{\eta^2}(X-\xi)^2\right]\mathrm{d}\xi\mathrm{d}\eta$$

$$(6-26)$$

$$E(X) = \frac{\mathrm{d}U(X)}{\mathrm{d}X} = \iint\limits_{\Omega-\omega} \frac{\tan\beta}{\eta^2}\left[1 - \frac{2\pi\tan^2\beta(X-\xi)^2}{\eta^2}\right]\exp\left[-\frac{\pi\tan^2\beta}{\eta^2}(X-\xi)^2\right]\mathrm{d}\xi\mathrm{d}\eta$$

$$(6-27)$$

某些建筑物对地表不均匀沉降所导致的地面变形十分敏感,因此需要计算

地下开挖引起的地表曲率变形，即

$$K(X) = \frac{1}{R(X)} = \frac{\dfrac{\mathrm{d}^2 W(X)}{\mathrm{d}X^2}}{\left\{1 + \left[\dfrac{\mathrm{d}W(X)}{\mathrm{d}X}\right]^2\right\}^{\frac{3}{2}}} \qquad (6-28)$$

由于实际上岩土开挖引起的地表曲率变形 $T(X)$ 并不大，式（6-28）简化为

$$K(X) = \frac{\mathrm{d}^2 W(X)}{\mathrm{d}X^2}$$

$$= \iint\limits_{\Omega - \omega} \frac{2\pi \tan^3 \beta}{z^3} \left[\frac{2\pi \tan^2 \beta}{z^2}(X - x)^2 - 1\right] \exp\left[-\frac{\pi \tan^2 \beta}{z^2}(X - x)^2\right] \mathrm{d}x\,\mathrm{d}z$$

$$(6-29)$$

6.2.2.2 　地下工程开挖引起地表变形的实例计算

根据上述分析所得到的开挖引起的地表移动和变形计算均需进行二重积分计算，这些积分函数均为不可积，即被积函数的原函数很难写出，为了计算这些积分值借助数值计算软件 MATLAB，利用 MATLAB 工具箱中编译的高斯-勒让得公式实行计算。

军都山隧道是中国第一座重载铁路双线隧道，位于北京市延庆区东南，燕山北麓，大秦铁路延庆车站与铁炉村车站之间。全长 8 460 m，仅次于米花岭隧道，是我国已运营的第三座长大铁路隧道。隧道地质构造较为复杂，进口端有670 m 黄土砂质黏土段，从拱顶到地表面的埋深厚度仅有 12～23 m，最薄地段只有 3.6 m；出口端有 70 m 是洪积块石土堆积层，然后是长约 500 m 的风化花岗岩，并有煌斑岩侵入，节理发育，有地下水；其余地段为岩浆岩，岩体较完整，但有四条影响较大的断层通过隧道。隧道最大埋深 640 m，开挖后的岩体应力重新平衡，有小块岩石坠落。

考察某一断面，在地表共设 8 个沉降观测点，测点的位置和横断面状况如图 6-6 所示，地表稳定后下沉实测值见表 6-3。

隧道中心距离地面 17.75 m，隧道开挖跨度 12.8 m，开挖高度为 10.5 m，应用 MATLAB 软件进行计算，其中 $\tan\beta$ 取为 1.22，隧道收敛半径的收敛值为22.0 mm，计算结果如表 6-4～表 6-8 和图 6-7 所示。

图 6-6　军都山隧道及某处横断面

表 6-3　军都山隧道地表沉陷实测值

X/m	−17	−10	−5	−2	0	6	11	16
W/m	4.71	25.1	46.7	55.1	55.7	43.1	21.3	6.3
T/(mm/m)	1.32	4.12	3.24	1.31	0.04	−3.74	−4.09	−1.71
K/(1/mm)	0.34	0.23	−0.56	0.64	0.65	−0.47	0.38	0.41

表 6-4　地表下沉计算数据

X/m	−17	−10	−5	−2	0	3	6	11	16
W_1/mm	295.5	2 173.9	4 751.4	5 870.1	6 107.7	5 584.4	4 245.8	1 739.9	416.9
W_2/mm	291.1	2 149.0	4 705.0	5 810.7	6 053.0	5 532.7	4 203.1	1 719.3	410.9
W/mm	4.4	24.9	46.3	53.4	54.7	51.7	42.7	20.6	5.9

注：X 为测点距隧道中心水平距离；下角标 1 为收敛前的计算值；下角标 2 为收敛后的计算值（下同）。

表 6-5　地表水平位移计算数据

X/m	−17	−10	−5	−2	0	6	11	16
U_1/mm	−206.4	−860.9	−891.0	−429.4	0	965.9	764.7	273.6
U_2/mm	−203.7	−853.0	−885.3	−427.2	0	959.2	757.3	270.2
U/mm	−2.7	−7.9	−5.7	−2.2	0	6.7	7.4	3.4

表 6-6　地表水平变形计算数据

X/m	−20	−17	−10	−5	−3	0
E_1/(mm/m)	−20.7	−60.5	−88.0	96.9	173.2	222.2
E_2/(mm/m)	−20.3	−59.8	−87.6	95.8	172.1	221.1
E/(mm/m)	−0.356 98	−0.655 78	−0.331 86	1.1	1.2	1.1
X/m	3	6	11	16	20	
E_1/(mm/m)	173.2	52.8	−102.8	−73.9	−27.6	
E_2/(mm/m)	172.1	51.9	−102.2	−73.2	−27.3	
E/(mm/m)	1.2	0.891 06	−0.584 57	−0.754 44	−0.356 98	

表 6-7　地表倾斜变形计算数据

X/m	−20	−17	−10	−5	−2	0
T_1/(mm/m)	38.3	104.4	460.2	483.6	233.6	0
T_2/(mm/m)	37.7	103.0	455.8	480.2	232.2	0
T/(mm/m)	0.571 71	1.4	4.4	3.3	1.3	0
X/m	3	6	11	16	20	
T_1/(mm/m)	−335.3	−523.4	−406.5	−139.7	−38.3	
T_2/(mm/m)	−333.3	−519.5	−402.4	−137.9	−37.7	
T/(mm/m)	−2.0	−3.9	−4.1	−1.7	−0.571 71	

表 6-8　地表曲率变形计算数据

X/m	−20	−17	−10	−5	−2	0
K_1/(1/mm)	13.9	31.6	49.4	−52.0	−108.7	−120.9
K_2/(1/mm)	13.7	31.3	49.1	−51.4	−108.0	−120.2
K/(1/mm)	0.179 80	0.354 69	0.241 82	−0.614 22	−0.679 04	−0.651 19

续　表

X/m	3	6	11	16	20
$K_1/(1/\mathrm{mm})$	-94.0	-27.6	57.1	39.1	13.9
$K_2/(1/\mathrm{mm})$	-93.3	-27.1	56.7	38.7	13.7
$K/(1/\mathrm{mm})$	$-0.691\,69$	$-0.498\,29$	$0.382\,77$	$0.418\,67$	$0.179\,80$

　　从表 6-3～表 6-8 可以看出,地表下沉计算值与实测结果符合较好,计算地表最大下沉发生在 $X=0$ 处,即隧道中心上方,其值为 54.7 mm,地表倾斜最大值在 $X=\pm 8$ m,地表曲率为 0,即地表沉降曲线的反弯点位于 $X=\pm 8$ m 处;在隧道中心上方附近处,地表曲率达到最大值 0.691 69/mm。地表水平位

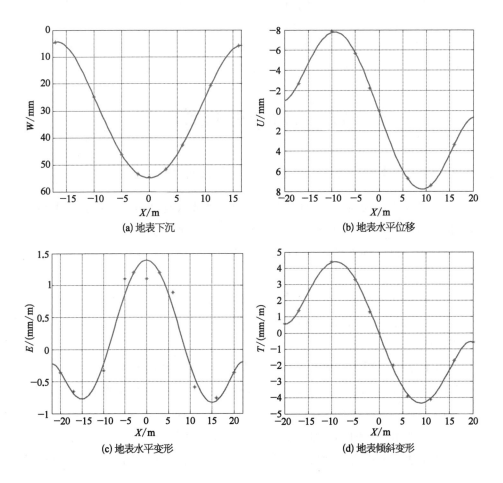

(a) 地表下沉　　　　　　　　　　　　(b) 地表水平位移

(c) 地表水平变形　　　　　　　　　　(d) 地表倾斜变形

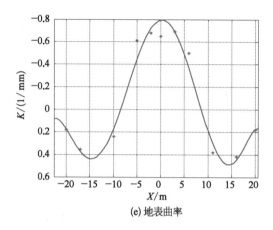

(e) 地表曲率

图 6-7　地表移动及变形曲线

移最大值发生在 $X = \pm 10$ m 处,其值为 7.9 mm。地表沉降的宽度约在 50 m,在 50 m 以外,地表移动及变形值已趋于 0。

可见对地表沉陷的定量计算是可行的,可以借助对地表沉陷的合理预计,建立地下开挖与地表环境损害之间的关系,评价地下开挖对地表环境损害程度。

6.3　地下工程开挖引起的地表环境损害

6.3.1　地下工程开挖引起地表环境损害的表现形式

地下开挖引起地表沉陷,而地表沉陷包括地表移动和地表变形。地表移动包括地表沉降和水平移动,地表变形主要指不均匀地表沉降和不均匀水平位移所形成的地表倾斜和水平变形,以及地表的曲率变形。常见的开挖损害主要以下列形式表现出来。

(1) 地表沉降损害。地表沉降会使建筑物产生整体下沉。尽管这种沉降比较均匀,对于建筑物的稳定性和使用条件并不会产生太大的影响,但若沉降过大,仍能造成一定损害。

(2) 地表倾斜损害。地下开挖更多情况下会引起地层的不均匀沉降。不均匀沉降将导致地表倾斜,使建筑物产生结构破坏裂缝,对建筑物的危害最大。此外,地表倾斜还会使高耸建筑物发生重心偏斜,引起附加应力重分布,使结构内应力发生变化,严重时,使建筑物丧失稳定性而破坏。

(3) 地表曲率损害。地层变形会使地表形成曲面而产生曲率,地表曲率对建筑物有较大影响。当地表因开挖而产生弯曲时,建筑物部分基础将悬空,从而将荷载转移到其余部分。

(4) 地表水平变形损害。地表水平变形有拉伸和压缩两种。由于建筑物抗拉能力远小于抗压能力,建筑物对地表拉伸变形非常敏感,当基础侧面受外向水平推力作用时,很容易开裂。

实际上,地表移动和变形对于建筑物的破坏作用,往往是几种变形共同作用的结果。比如,地表的拉伸和正曲率同时出现、压缩和负曲率同时发生。

因此,预计地下开挖引起的地表沉陷,定量计算地表沉陷值是评价地下工程开挖对地表环境损害,研究地下结构抗损害设计的基础。

6.3.2　地表沉陷引起地面建筑物附加作用力的计算方法

当地下工程开挖后,地表产生沉陷,并波及地面建筑物,建筑物的初始应力平衡状态遭到破坏,应力发生重新分布,并出现应力集中区,即产生附加作用力。其中倾斜变形使建筑物产生倾覆力矩,地表水平变形使埋入土壤内的建筑物基础底面、侧面分别受到摩擦力、黏结力和水平侧压力,这些力通过地表土壤和埋入土壤内的基础接触面传递给接触物,使之产生拉力、压力、弯矩和剪力;地表曲率变形使建筑物的地基反力发生重新分布,因而使建筑物竖直面内受到附加弯矩和剪力。如果产生的应力小于建筑物的强度极限,则平衡状态是不变的,仍处于弹性状态;反之,建筑物将局部出现塑性变形,进入破坏状态。因此,对地表变形对地面建筑物引起的附加作用力的计算,然后从建筑构造上预防建筑物可能发生的破坏,对于保证建筑物的政策使用有积极的作用。

6.3.2.1　地表水平变形引起的建筑物附加作用力

在地表水平变形作用下,可以认为建筑物基础受到的附加水平力的大小与地表水平变形值成正比。当地表水平变形拉伸大于 $1\,\mathrm{mm/m}$ 时,在一般砖石结构建筑物的墙身上会出现细小的竖向裂缝,表明建筑物已受到水平变形的影响,当地表水平变形值达到 $20\,\mathrm{mm/m}$ 时,附加水平力达到极限值。附加水平力影响系数取值见表 6-9。

表 6-9　附加水平力影响系数

地面水平变形值/(mm/m)	≤1	2	3	4	5	6	7	8	9	10
附加水平力影响系数 k_0	0.00	0.05	0.11	0.16	0.21	0.21	0.32	0.37	0.42	0.47

地面水平变形值/(mm/m)	11	12	13	14	15	16	17	18	19	20
附加水平力影响系数 k_0	0.53	0.58	0.63	0.68	0.74	0.79	0.84	0.89	0.95	1.00

(1) 平行于地表水平变形方向的纵墙(横墙)基础所受的最大附加水平力为

$$N_0 = 0.5k_0\{[fq_0 + SC + 0.5f\gamma h_0^2\tan^2(45° - \rho/2)]L_0$$

$$+ \sum_{n=1}^{m}[fq_n + D_nC + 0.5f\gamma h_n^2\tan^2(45° + \rho/2)L_n]\} \quad (6-30)$$

式中　f——基础与地基土的摩擦系数;

　　　q_0——作用于纵墙(横墙)基础底面单位长度上的垂直载荷;

　　　C——地基土与基础之间的单位黏着力;

　　　S——纵墙(横墙)基础横截面与土壤接触总长度;

　　　γ——纵墙(横墙)基础的计算长度;

　　　q_n——作用于第 n 个纵墙(横墙)基础底面单位长度上的垂直载荷;

　　　D_n——第 n 个纵墙(横墙)基础底面的宽度;

　　　h_n——第 n 个纵墙(横墙)基础的埋置深度;

　　　L_n——第 n 个纵墙(横墙)基础的计算长度;

　　　m——纵墙(横墙)的个数,当 m 为奇数时,取 m 为 $m-1$;

　　　k_0——由地表水平变形值决定的附加水平力影响系数,见表 6-9。

(2) 单位长度上纵墙(横墙)基础受到的横向水平力为

$$N'_0 = k_0[fq_0 + DC + 0.5\gamma h_0^2\tan^2(45° + \rho/2)] \quad (6-31)$$

式中　D——纵墙(横墙)基础底面的宽度。

6.3.2.2　地表曲率变形引起的建筑物的附加作用力

为了分析地表曲率变形引起的建筑物墙壁内的附加应力,首先必须判定位于沉陷区内建筑的状态。设建筑物所处的地表曲率变形值 K 与建筑物的临界曲率变形值 K_0 之比为 m,则当 $m=1$ 时,建筑物处于临界状态;$m<1$ 时,建筑物基础处于全部嵌入地基土壤的状态;$m>1$ 时,建筑物基础处于部分悬空状态。

在地表正曲率变形的条件下,m 可由下式求出

$$m = K/K_0 = KL^2bc/(12q\beta_0) \quad (6-32)$$

其中
$$\beta_0 = 1 + 2F_1/F_0$$

式中　K——地表变形曲率变形值；

　　　L——纵墙单位长度上的载荷；

　　　β_0——$\beta_0 = 1 + 2F_1/F_0$，其中 F_1 为横墙基础底面积的一半，F_0 为横墙

　　　　　　　基础底面积。

6.3.2.3　地下开挖对建筑物损害程度的允许标准

地下开挖完全要求建筑物不出现沉降、变形和裂缝等几乎是不可能的，只是其大小而已，问题的关键在于如何将其控制在容许范围之内。对此，有关设计规范做出了具体的规定，见表 6-10 和表 6-11。

表 6-10　多层和高层建筑的整体倾斜允许值[69]

建筑物高 H_g/m	$H_g \leqslant 24$	$24 < H_g \leqslant 60$	$60 < H_g \leqslant 100$	$H_g > 100$
倾斜允许值	0.004	0.003	0.0025	0.002

表 6-11　建筑物破坏等级划分[70]

地表变形预测值			建筑物可能达到的破坏等级	处理方式
倾斜 $T/(mm/m)$	曲率 $K/(1/mm)$	水平变形 U/mm		
$\leqslant 3.0$	$\leqslant 0.2$	$\leqslant 2.0$	墙壁上可能不出现或仅出现少量宽度小于 4 mm 的细微裂缝，属 I 级破坏	可以不修
$\leqslant 6.0$	$\leqslant 0.4$	$\leqslant 4.0$	墙壁上可能出现 4~5 mm 宽的裂缝，门窗略有歪斜，墙皮局部脱落，梁支撑处有异样，属 II 级破坏	可以不修
$\leqslant 10$	$\leqslant 0.6$	$\leqslant 6.0$	墙壁上可能出现 16~30 mm 宽的裂缝，门窗严重变形、墙身倾斜，梁头抽动，室内地坪开裂或鼓起，属 III 级破坏	应中修
> 10	> 0.6	> 6.0	墙身将严重倾斜、错动、外鼓或内凹，梁头抽动较大，屋顶、墙身挤坏，可能有倒塌危险，属 IV 级破坏	必须大修重建或拆除

为了使建筑物在地表变形作用下能够维护正常使用，有以下几种比较有效

的保护措施：

（1）当建筑物可能受到Ⅱ级破坏时，可设置变形缝。

（2）当建筑物可能受到Ⅲ级破坏时，除设置变形缝外还应设置钢拉杆、钢筋混凝土圈梁等进行加固。

（3）当建筑物可能受到Ⅳ级破坏或对建筑物有特殊要求时，除采取上述措施外，还应采取钢筋混凝土锚固板加固基础。

（4）设置地表缓冲沟，可吸收地表一部分压缩变形。

（5）在对建筑物采取结构保护措施以前，为保证加固效果，应对建筑物结构上原有的缺陷进行适当补强。

综上，本章主要分析了地下工程开挖引起的地质环境损害，主要内容包括：

（1）针对地下工程开挖引起的地质应力环境损害，利用传统的弹塑性理论给出了开挖圆形洞室的围岩应力和位移的分布情况，定性地分析了地质应力环境的变化；为了考虑应力的时间因素，运用 FLAC^{3D} 得到了在不同时步下洞室的主应力分布云图，确定了洞室可能的破坏位置。

（2）针对地下工程开挖引起的岩土体环境损害，分析了损害的原因，提出了围岩稳定性的评价方法，确定了围岩的自稳能力；利用概率积分方法，借助 MATLAB 编制相应的程序，计算了地下开挖引起的地表变形。

（3）针对地下工程开挖引起的地表环境损害，利用地表沉陷值评价了地下开挖引起的地表环境损害程度，给出了地面建筑物由于地表沉陷产生的附加作用力，并根据规范制定了相应的防护措施。

通过分析地下开挖对地质应力环境、岩土体环境和地表环境的损害，说明地下开挖对地质环境的损害程度是可以预计和定量计算的，为下一章地下结构的抗损害设计奠定了基础。

hapter 7

地下工程结构耐久性设计

目前我国没有混凝土结构耐久性设计的标准,现行的《铁路隧道设计规范》(TB 10003—2016)有关耐久性的要求只反映在规定最低混凝土强度等级和最小保护层厚度,对材料的抗蚀性、抗冻性以及抗渗性等也仅有笼统的一般性规定,有关的工程验收标准只侧重于保证混凝土强度,对水灰比及水泥用量等规定较松,施工人员经常凭经验估计,因而造成混凝土强度值过于离散,由此既浪费了原材料,又降低了结构耐久性,因此对地下结构耐久性的研究是箭在弦上。随着对地下空间的不断开发,耐久性下降已是影响地下结构使用重要因素,研究地下结构的耐久性,提出地下结构的耐久性设计措施,对地下结构的使用和后期维护、最大限度地延长其使用年限、发挥其经济效益,具有非常广阔的应用和研究前景。

7.1　地下结构耐久性下降的原因

地下结构的耐久性是指地下结构在其使用过程中抵抗外界地质环境或内部自身所产生的侵蚀损害的能力,而地下结构的耐久性下降则指地下结构性能随时间的劣化现象。从产生耐久性下降的原因来看,可以将地下结构耐久性下降原因分为内部原因与外部原因。

内部原因是指地下结构支护自身的一些缺陷,如在混凝土内部存在气泡和毛细管孔隙,这些孔隙为空气中的二氧化碳、水分与氧气向混凝土内部的扩散提供了通道。另外,当混凝土中掺加氯盐或使用含盐的骨料时,氯离子的作用将使混凝土中的钢筋锈蚀;当混凝土的碱含量过高,水泥中的碱与活性集料发生反应,即在混凝土中产生碱-集料反应,导致混凝土开裂。使混凝土自身存在缺陷的主要原因来自混凝土结构的设计、材料和施工的不足。

下降的外部原因主要是指自然环境与使用环境引起的劣化,可以分为一般环境、特殊环境及灾害环境。一般环境中的二氧化碳、环境温度与环境湿度、地下水等将使混凝土中性化,并使其中的钢筋锈蚀,而环境温度与环境湿度等则是影响钢筋锈蚀的最主要因素;特殊环境中的酸、碱、盐是导致混凝土腐蚀破坏与钢筋锈蚀破坏的最主要原因,如沿海地区的盐害、寒冷地区的冻害、腐蚀性土壤及工业环境中的酸碱腐蚀,地下水对钢筋的腐蚀;灾害环境主要指地震、火灾、水灾等对结构造成的偶发损伤,如地基土液化、地下管道破裂等,这种损伤与环境损伤等因素的共同作用,也将使结构性能随时间劣化。

7.2　地下结构耐久性的影响因素分析

目前,国内外对混凝土和钢筋混凝土材料的耐久性问题在实践和理论方面都取得了巨大的成果,但其研究成果还是主要应用在地面结构和水工结构方面,对于地下结构来说,由于其长期埋置于岩体中(同时可伴有地下水),耐久性影响因素相对于地面结构更具复杂性和不确定性,目前研究工作也多停留在材料层面上,对结构层次(包括荷载、应力应变、差异沉降、地下水渗流、施工过程等)的研究还很不够;同时在地下结构耐久性技术规范及标准的制定方面也很欠缺,没有统一的标准,造成目前地下结构耐久性相比地面结构的相对落后。

在考虑影响地下结构的耐久性因素问题时,应从地下结构内在和外在因素出发,做到多因素综合考虑。根据地下结构材料和赋存环境的损害,主要分析以下因素的影响:① 材料内部缺陷的影响(包括碱-集料反应和岩土体的内部缺陷);② 应力变化的影响(包括施工、地震、地层沉陷等);③ 水的影响;④ 土的影响。

7.2.1　材料内部缺陷的影响

地下结构支护的主要材料是混凝土,而混凝土耐久性的下降很大程度上取决于混凝土材料内部结构的缺陷和损伤。

混凝土材料内部包含粗、细骨料和水泥等固体颗粒物质,游离水和结晶水等液体,以及气孔和缝隙中的气体等所组成的非均质、非同向的三向混合材料。混凝土内部的孔隙是其施工配制和水泥水化凝固过程的产物。因此混凝土材料是一种非均匀的多相介质,在构件承载之前,混凝土不同层次的相界面及水泥浆本身,已经存在大量的各种尺度的随机分布裂纹,即初始损伤。这些初始损伤不仅在荷载作用下进一步扩展,而且对混凝土破坏起着关键性的控制作用。这些损伤使混凝土结构具有多孔性和渗透性。一般而言,因混凝土的密实度差,即内部孔隙率大,则各种液体和气体渗透进入其内部的可能性大,渗透的数量和深度都大,因而将加速混凝土的冻融破坏、碳化反应层更深,增大化学腐蚀,钢筋易生锈,因此,内部原因是影响混凝土耐久性的主要原因。

为了尽量减少初始损伤对结构的危害,应在制备和施工时采取有效的控制措施,具体归纳为:

(1) 合理选择优质或特种水泥品种,适当增加水泥用量,减小水灰比,添加优质细粒掺合料,如粉煤灰、硅粉。

(2) 配置混凝土时注入各种专用外加剂,如高效减水剂、早强剂、引气剂、防冻剂和钢筋阻锈剂。

(3) 选用优质粗细骨料:颗粒清洁、级配合理、孔隙小或封闭型孔,活性小,pH 值低,氯离子含量小,或采用优质轻骨料。

(4) 精心施工,即搅拌均匀,运输和浇注防止离析,振捣密实,加强养护,特别是早龄期养护,减小混凝土的孔隙率。

(5) 结构设计时,适当增大钢筋的保护层厚度,并保证有效作用。

(6) 表面和表层处理,即喷涂或浸渍各种隔离材料,阻止周围介质中有害液体和气体的渗入。

(7) 控制和改善环境条件,如温度、湿度及其变化幅度,降低液体和气体中侵蚀性物质的浓度等。

7.2.2　应力变化的影响

应力变化主要包括施工荷载变化及水土荷载变化。由于工程建设施工和环境水土的变化,地下结构承受荷载相应发生变化,结构物各部分的应力状态随之变化,从而导致拉、压区及受弯区或剪应力区的状态和范围都会有所变化。地下结构的耐久性与混凝土材料的孔隙率(或渗透性)关系密切,而其受力状态则能影响材料的渗透性。不同的应力状态将使混凝土孔隙率发生变化甚至产生裂缝。在拉应力区,材料的孔隙率大,渗透性也将明显提高,混凝土易于碳化,氯化物等侵蚀性物质也易于通过受拉区混凝土到达钢筋,从而引起钢筋锈蚀。苏联曾有人通过试验证明,在无筋混凝土试件中(水灰比为 0.47),当压应力约为 $0.7R_{up}$(压应力极限强度)时,CO_2 气体的有效扩散系数可降低一个数量级;而当拉应力为 $0.7R_p$(拉应力极限强度)时,则将增加 $1\sim2$ 个数量级。另外,地下水运动及渗流耦合效应规律也将影响土体及结构的应力应变和耐久性能。

应变变化主要是周围围岩的不均匀变形和基底的不均匀沉降。由于地下结构所处的周围岩土体的不均质性(包括固结度、压缩系数等),围岩应力应变的分布不断变化,以及周围动荷载的作用,直接导致结构受力不均,变形非连续,结构不均匀沉降,使结构内的各构件之间产生相互作用的应力,并可能形成裂缝,这种裂缝在结构的交接处更为明显。因此,要对结构的不均匀沉降进行控制,监控周围岩土体的变化,避免结构构件之间的相互挤压。

7.2.3　水的影响

地下工程大多数都和地表水、地下水接触,这些水都以不同的方式、在不同程度上对地下结构和支护结构产生作用,如果不及时采取防水措施,结构就会渗漏,轻则影响使用,或缩短结构的使用年限,重则淹没毁坏整个地下工程,影响地面建筑和周围环境,因此加强地下结构的防水技术有十分重要的实际意义。

水对地下结构的影响是多方面的,康宁等(1998)研究认为,主要有以下几个方面:

7.2.3.1　水对地下工程支护结构的影响

水对地下结构的支护结构可产生一系列有害作用,主要是吸湿作用、毛细作用、侵蚀作用、渗透作用、冻溶作用。

(1) 吸湿作用,任何物质在和气态的水蒸气或液态的水接触时,都能将它们吸附在自己表面上,这种现象称为吸湿。砖、石、混凝土等建筑材料,都是一种非均质的多孔材料,在空气和水中都有很强的吸湿作用。地下工程支护结构的吸湿作用,往往是地下工程潮湿的主要原因。

(2) 毛细作用,大部分物质组织的结构中有许多肉眼看不见的缝隙,即毛细管。这些毛细管形状不一、粗细不同,遇水后只要彼此有附着力(即水可以润湿管壁),水就会沿着毛细管上升,直至水的重量超过它的表面张力时才停止上升。毛细作用在许多建筑材料中都可以看到,如砖墙毛细管水上升,往往可以达到一层楼的高度。不仅地下水能被有孔的建筑材料吸收,产生毛细上升现象,潮湿的土壤也有毛细作用,引起潮气上升,对地下结构的危害很大,特别是地下水和土壤中含侵蚀性介质时,毛细作用还可能使整个结构受到的损伤传到地面建筑上。

(3) 侵蚀作用,地下水对建筑物的侵蚀主要表现在酸、盐及各种有害气体对各种支护结构的损坏。地下水对混凝土的侵蚀主要有碳酸侵蚀、溶出性侵蚀、碳酸盐侵蚀。

(4) 渗透作用，地下结构的支护结构材料，如砖、石、混凝土有大量的毛细孔、施工裂隙，在水有一定压力时，水就会沿着这些孔隙流动而产生渗透作用，特别是地下结构埋得越深、地下水位越高，渗透压就越大，地下水渗透作用就越严重。

(5) 冻溶作用，地下结构处于冰冻线以上时，土壤含水，冻结时不仅土中水变成冰，体积增大，而且水分往往因冻结作用而迁移和重新分布，形成冰夹层或冰堆而使地基冻胀。冻胀时使地下结构不均匀抬起，融化时又不均匀地下沉，年复一年使地下结构产生变形，轻者出现裂缝，重者危及使用。

7.2.3.2　地下水渗流对地下结构的影响

在地下水位建造地下结构时，穿过含水地层，都会有地下水流进基坑或洞内。施工中必须采取可靠措施排除渗入基坑或洞内的地下水，一般情况下不允许带水作业，要防止地表水和地下水渗透进基坑，以保证基坑处于干燥状态，当基坑下有承压水时，要注意防止发生土涌，破坏地基。

7.2.3.3　地下水位变化对地下结构的影响

地下水位变化的幅度很大，最低水位和最高水位有时能相差数米。水位变化对地下工程的影响有浮力作用、潜蚀作用的影响及衬砌耐久性、地基强度的影响。

地下结构位于地下水位中，将受到向上的浮力，尤其是地下水位骤然上升，浮力增大，使工程很容易浮起破坏。地下结构在自流排水或机械排水降低地下水位时，很容易引起潜蚀作用，将会掏空地基，不仅使地下结构地基失稳，而且往往会引起地表塌陷，危及地面建筑的安全。地下水位在地下结构埋置范围内变化，使衬砌结构湿润和干燥交替更迭，将降低工程结构材料的耐久性。此外，地下水位变化对地基强度也有影响，当地下水位上升时，水浸湿软化岩土，地基土强度降低，压缩性加大，使地下结构产生较大变形。

为了保证地下结构的防水质量，除合理设计地下水的设计水位外，还应从工程位置选择、总平面布置、建筑防水、结构设计和施工方法等方面进行全面考虑。从防水的角度看，地下结构的设计基本要求如下：

(1) 在工程位置选择和总平面布置中的基本要求。避开地质构造比较复杂的地带，如岩石的断裂和破碎带、土层中的含承压水粉沙层等；选择地势较高的地形，使地下结构的埋置深度既符合使用要求，又处于设计地下水位以上，以简化防水措施；避开地面上容易积水的低洼地形；避开地下水严重污染或地下水的水质对结构有腐蚀作用的地段,同时避开地面上有较强震动的地区。

(2)确定建筑设计方案时的基本要求。结构的外形尽量整齐简单,减少凹凸部位;岩石中的地下结构,主要洞室的地面标高应略高于洞口外的地面标高;对于防水的薄弱环节,应从建筑布置上加强防水措施。

(3)结构设计时的基本要求。在选择结构形式时,应有利于防水构造和防水施工;按照地下水在设计时的静水压力,保证结构有足够的强度和刚度,防止裂缝,同时应防止地下水因受水的浮力而丧失稳定时,使防水构造受到破坏;应防止地下结构发生不均匀沉降,避免结构开裂导致防水构造破坏,必要时应设置沉降缝,过长的地下结构如地铁、隧道等应考虑适当设置温度收缩缝。

(4)施工的基本要求。防水构造的施工应严格按照操作规程进行,在主体结构和防水构造完工后,应及时回填,保证回填质量。

7.2.4　土体的影响

由于地下结构埋置于岩土体中,土体特性对地下结构的耐久性有重要的影响,主要包括:

7.2.4.1　土的压缩性对地下结构耐久性的影响

土在受到竖向附加应力作用后,会产生压缩变形,引起基底沉降。土体在压力作用下体积减小的特性称为土的压缩性。土体积减小包括三部分：① 土颗粒发生相对位移,土中水及气体从孔隙中被排出,从而使土孔隙体积减小；② 土颗粒本身的压缩；③ 土中水及封闭气体被压缩。

土的压缩,会造成地下水的排出、结构的不均匀沉降,降低结构的可靠度和使用年限。

7.2.4.2　土的动力特性对地下结构耐久性的影响

地下结构往往会遇到地震、车辆等作用形成的荷载,这类荷载的大小和方向都随时间周期性变化。此外还有如爆破、爆炸等原因形成的冲击性荷载。周期性荷载和冲击性荷载统称为动荷载。

土的类型和所处的状态不同,对动荷载的反应也不相同。处于饱和状态的砂土和以粉砂颗粒为主的轻压黏土,在动荷载作用下,可能发生液化,使地下结构突然沉降甚至破坏；淤泥、淤泥质土等软弱黏性土,在动荷载作用下,孔隙水压力升高、强度降低等缘故,会导致地下结构的沉陷和滑移。

7.2.4.3　土的渗透性对地下结构耐久性的影响

土是具有连续孔隙的介质。当有水头差作用时,土孔隙中的水会发生流动。上游的水就在水头差的作用下,通过土的孔隙而流向下游,这种现象称为土的渗透性。如果地下结构处于水位较低处,上游的水就会向地下结构所在处流动,造成水位变化,影响地下结构的正常使用。

7.3　提高地下结构耐久性的设计措施

一般的混凝土结构,其设计使用年限为 50 年,要求较高者可定为 100 年;地下结构由于其所处位置的特殊性和建造的不可恢复性,因此要求比上部结构更高的使用年限,一般应该为 100 年或更高。为了使地下结构在规定的时间内完成其使用功能,提高地下结构的使用年限,可采取以下设计措施。

7.3.1　材料因素

(1)水泥。水泥品种可采用普通硅酸盐水泥、矿渣硅酸盐水泥、粉煤灰硅酸盐水泥。由于硅酸盐水泥配制的混凝土耐腐蚀性很差,因此建议不采用硅酸盐水泥。

(2)骨料。骨料应选用质地坚固耐久,具有良好级配的天然河砂、碎石或卵石。

(3)掺合料。为改善混凝土抗氯离子渗透的性能,显著提高混凝土护筋性能,当采用普通硅酸盐配制混凝土时,应使用优质粉煤灰、粒化高炉矿渣等掺合料。

(4)水灰比。水灰比是影响耐久性的一个重要因素,当水灰比较高时,水泥石毛细孔中便会存在较多的游离水使混凝土易遭受冻融破坏,另外水灰比高时水泥石的密实度差,毛细孔易形成连通通道,给腐蚀介质的侵入创造条件,使得 CO_2 浓度较高,混凝土碳化的速度加快,O_2、H_2O 及氯化物等腐蚀介质也容易侵入,进而导致钢筋锈蚀,因此控制水灰比的大小对提高混凝土的耐久性起着关键作用。

7.3.2　力学因素

复杂的结构形式,使结构受力复杂,易于产生应力集中,开裂概率越大。结构暴露表面面积与混凝土体积之比越大,有害物质渗入混凝土中使钢筋锈蚀的可能性越大。因此复杂的结构形式对结构的耐久性不利。

(1)暴露于水与土介质接触的结构构件外形应尽量简洁,力求减少棱角、突变和应力集中,结构的形状和布置应便于施工时混凝土的捣实和养护。

(2) 结构的构造应有利于减小结构因变形而引起的约束应力,结构的变形缝位置应尽量避开可能遭受最不利局部腐蚀性环境作用下的部位(如靠近地表的干湿交替区),不宜采用钢止水带。

(3) 目前研究认为:保护层厚度是影响混凝土结构耐久性最主要因素之一,增大保护层厚度可以推迟钢筋钝化膜破坏的时间,同时增加混凝土抵抗钢筋锈蚀造成胀裂的能力。混凝土保护层厚度越大,氯离子扩散到钢筋表面的时间就越长,钢筋开始锈蚀的时间就越长;同样,钢筋锈蚀所需要的水汽、氧气等物质进入钢筋表面也就越困难,这就是说在钢筋钝化膜破坏的情况下,钢筋开始腐蚀的时间也会延长。在锈蚀裂缝出现前,混凝土保护层阻碍各类物质到达钢筋表面的作用一直存在。由此可以看出,混凝土保护层对钢筋的保护作用是其他保护措施无法取代的,进而对整个钢筋混凝土结构的耐久性也是至关重要的。因此应对混凝土结构保护层最小厚度慎重考虑。

(4) 对混凝土的最低强度等级和钢筋的最小直径要特别规定。

7.3.3　施工因素

(1) 耐久性。混凝土工程在正式施工前,应针对工程的特点和施工(季节)环境与施工条件,会同设计、施工、监理及商品混凝土供料单位各方,共同制定施工全过程和各个施工环节的质量控制与质量保证措施。结构表面混凝土的性能及其均匀性,混凝土保护层的厚度以及施工阶段的裂缝控制,应是耐久混凝土施工质量保证的重点。

(2) 影响混凝土抗渗性和防止钢筋腐蚀的主要因素是它的渗透性,为了获得耐久性良好的混凝土,混凝土应尽可能密实。为此,除了选择级配良好的骨料和精心施工保证混凝土充分捣实以及采用适当的养护方法保证水泥充分水化外,水灰比是影响混凝土密实度的最主要因素。

(3) 混凝土结构的施工顺序应仔细规划,以尽量减少新浇混凝土硬化收缩过程中的约束拉应力与开裂。

(4) 为保证混凝土的抗渗性能,在浇筑过程中应严格控制混凝土的均匀性和密实性。特别对构件棱角处,应采取有效措施,使接缝严密,防止在混凝土振捣过程中出现漏浆。在浇筑及静置过程中,应采取措施防止产生裂缝,对混凝土的沉降及塑性干缩产生的表面裂缝,应及时予以处理。

7.4　已有结构的耐久性检测

地下结构使用多年后,在各种环境因素和周围介质的不利作用下,或在特殊荷载的偶然作用下,结构常形成程度不等的损伤、性能劣化,耐久性下降。当需要确定其能否在设计使用年限内继续安全承载并满足全部使用功能时,应对结构进行耐久性的检测和评估。

地下结构的现场踏勘和检测是了解结构现状和耐久性劣化程度的主要手段,是进行耐久性评估的重要依据。检测的主要内容和方法如下,应尽可能地采用非破损性的检测手段:

(1)调查结构和构件的全貌。结构的体系和布置,结构的沉降,宏观的结构工程质量,结构使用过程的异常情况,如冲击或局部超载等有害的特殊作用,曾否加固等。必要时可进行现场加载试验,测定结构的实有受力性能。

(2)检查外观损伤。构件裂缝的位置、数量、分布、宽度和深度,构件的变形状况,包括挠度、侧移、倾斜、转动和颤动,节点的变形及裂缝,混凝土表层的缺损,如起皮、剥落、缺楞、掉角等。

(3)测试混凝土性能。用非破损(回弹、超声波)法或局部破损(拔出、钻芯取样)法测定混凝土实有强度,用超声波或声发射仪等测试内部的孔洞缺陷,钻芯取样测定密实性抗渗性,钻检测孔,测定碳化深度,现场取样并送实验室,分析氯离子含量、侵入深度及碱含量。

(4)检测钢筋。检查钢筋保护层的完整性,用专门的仪器或凿开局部保护层,测定试件中钢筋的保护层厚度、位置、直径和数量,以及锈蚀状况和程度,必要时切取适量钢筋试样并送实验室,测定其锈蚀后的面积和强度(损失率)。

(5)调研和测试环境条件。结构所处环境的温度、湿度及其变化规律,周围的岩石、土壤等介质中各种侵蚀性物质的种类和含量(浓度)。

将全部的结构现场观察调研和实验室检测的详细结果汇总后进行统计分析,按照结构的损伤和性能劣化的严重程度,评定各部分的耐久性损伤等级,整个结构按相同的损害等级划分为若干区段,以便分别进行处理。

对现有结构的承载力评定,可根据结构的计算图形和实测的截面尺寸、材料强度等进行计算,也可通过现场的荷载试验进行检验,都可能获得比较准确的结果,做出明确的评定。

对地下结构的使用寿命至今难以实现,虽然有很多地下结构使用寿命的理论评估方法,如可靠性鉴定法、人工神经网络分析法、综合鉴定法等,但是由于耐久性问题的复杂性和随机性、环境变化的不可预见性、材料的离散性等原因,寿命评估不可能用一个确切的数值来衡量,较多的还是依靠工程统计资料和经验分析等加以推算、估计。

地下结构耐久性的影响因素众多,很多因素尚不明确或研究不够,例如岩土体本身相对于混凝土材料的复杂性、屈服准则和本构关系的不定性,而且地下结构的耐久性是随着围岩与支护的相互作用而不断改变,这就造成了地下结构耐久性设计一直滞后于地面结构。地下结构耐久性影响是一个综合因素影响的过程,本章仅对各自的影响进行了探讨,存在一定的粗糙性。

地下结构耐久性的两个主要影响因素是支护材料即混凝土技术的发展和地质环境。近几年,随着高性能混凝土的不断出现和新奥法的应用,支护技术发展到了一个崭新阶段。随着我国在 20 世纪 60 年代开始推广使用新奥法技术,1985 年颁布了国标《锚杆喷射混凝土支护技术规范》(GBJ 86—1985),支护设计和参数优化已经得到了很大的发展,这些极大地促进了地下结构的耐久性设计。今后的研究重点应放在其有别于地面结构的地方,如复杂的岩土体环境、多变的地质应力环境以及不均匀地层沉陷对地下结构耐久性的影响。

第 8 章
基于对环境损害的地下空间开挖容量评价

随着城市现代化建设的发展、经济实力的增强和科学技术的进步,开发利用地下空间已成为必然趋势。合理开发和利用地下空间则是解决有限土地资源和改善生态环境的有效途径。然而,地下空间是不可再生的有限资源和宝贵财富,地下空间的开发具有不可逆性,其一旦形成,土地将不可能回复到以前的状态,它的存在也势必影响周围环境,决不能像工业化进程中所产生的环境污染问题一样,先污染而后治理,处处被动,问题丛生,必须要有超前思维,使地下空间的开发与利用更加科学、合理、有序,将地下空间开挖与环境保护融为一体,全面提升地下空间的利用效率和规模。这就决定了地下空间开挖的容量评价是极为重要的,是地下结构设计的前期准备,是研究地下空间的开挖容量和环境的协调发展必不可少的内容。

地下空间是一个十分巨大的空间资源,一个城市合理开发的地下空间资源量是城市总用地面积乘上合理开发深度所得体积的 40%,如童林旭等据此计算的北京市调查区内 10 m 以浅的地下空间资源总量为 1.65×10^8 m^3。如果合理开发深度 100~150 m,当城市平均容积率为 80 时,将扩大城市空间容量 26~40 倍,可大幅度地提高城市的理论容量,这将是一个巨大而丰富的空间资源(表8-1)。

表 8-1 我国可供有效利用的地下资源

开挖深度/m	可供有效利用的地下空间/m²	可提供的建筑面积/m²
2 000	11.5×10^{14}	3.83×10^{14}
1 000	5.8×10^{14}	1.93×10^{14}

开挖深度/m	可供有效利用的地下空间/m²	可提供的建筑面积/m²
500	2.9×10^{14}	0.97×10^{14}
100	0.58×10^{14}	0.19×10^{14}
50	0.18×10^{14}	0.06×10^{14}

注：据童林旭，1994。

然而，这种基于面积分析法评价得到的仅仅是地下空间资源总量的理想值，没有考虑岩土体环境、地质应力环境及地表环境等因素对地下空间开发利用的综合影响，因而不能确定性地表征地下空间可以开发利用的实际容量，难以实际指导地下空间规划及其开发利用。地下空间开发利用容量应该是指在当前科技水平和发展阶段，满足地下开挖与环境协调的前提下，具有一定的灾害抵抗能力，在地下某一深度范围可供开发而且能满足人们需要的地下空间总量。

因此，地下空间容量是一个受地质、应力、地面等多种环境因素影响的系统量。其评价过程必然是一个地下、地面、应力等信息综合集成和系统分析的复杂过程。通过对地下空间开发利用容量的评估，指导城市地下空间正确开发和充分利用，可以更加科学合理地反映和度量地下空间供人类开发利用的前景。因此，对地下空间的可开挖容量进行评价，是地下开挖决策系统的前提条件。

8.1　基于对地质环境损害的地下空间开挖容量评价

地下空间容量是指地球生物圈或某一区域环境对地下工程开挖空间的承载能力，是指在地质环境损害可接受的范围内地下空间的最大容量。它是一个变量，具有相对性、复杂性和可变性的特点。

地下空间开挖，必然造成城市地质环境的损害，当地下空间开发到一定容量时，地质环境损害达到一定程度，就会反过来影响地下空间的进一步开发和利用。因此，基于对地质环境损害评价城市地下空间的开发容量是保护环境、利用地下空间的前提。

8.1.1　基于对地质应力环境损害的地下空间开挖容量评价

地下开挖引起地质应力环境损害，由基尔西解答知：在弹性条件下，应力重分布只受洞室形状和初始地应力的影响,而与开挖空间大小无关。但洞壁以内的应力还要受空间大小的影响,即形状相同、空间大小不同的洞室,开挖影响范围不同。不规则洞室引起的应力重分布往往比较复杂,为了便于分析围岩中的二次应力分布特征,一些研究者根据解析解或光弹试验分析成果,绘制出了不同形状洞周围岩的应力集中系数曲线图,运用这些图可方便快捷地得到洞壁上任一点的应力集中系数,根据原岩应力值可估算出该点的二次应力值。

地下空间容量由地下洞室的大小直接决定,地下洞室的大小又由周围的应力环境决定。根据初期的地质调查,确定围岩的力学参数,在应力环境允许的范围内合理设计地下洞室的大小,提高地下空间容量。

8.1.2　基于对岩土体环境损害的地下空间开挖容量评价

地下工程直接在岩土体中开挖,对地下空间容量影响最大的就是岩土体环境。岩土体环境的上限是地表,下限是人类开挖地下空间的深度。地下空间开挖会对岩土体环境造成不同程度的损害。当岩土体环境损害达到极限程度,便有可能在整个岩土体环境内发生地质灾害,如围岩失稳、地面沉降、地裂缝、地震,对开挖的地下空间甚至整个区域环境造成严重破坏(图 8-1)。

图 8-1　地下空间开挖导致的地表变形

岩土体环境具有明显的空间变异性和区域差异性,这将显著改变地下空间的开挖条件,影响地下空间的开挖容量。开挖不同深度、不同规模、不同形状的洞室都受地质环境的制约。对开挖地区地质环境的前期勘查,施工中的围岩维护以及建成后的位移监测,在岩土体环境允许的范围内,逐渐由浅层空间向深层空间开挖,发挥大体积洞室的优势,尽量避免不规则洞室的应力集中,是扩大地下空间容量,防止地质灾害发生,降低地质环境损害的有效措施。

8.1.3 基于对地表环境损害的地下空间开挖容量评价

"天地"自古以来就是一个整体。地下空间的开挖必然会对地表环境如周围地面建筑物及基础、地下早期构筑物、公用地下管线和各种地下设施以及城市道路的路基、路面等构成不同程度的危害。同样,地表环境的损害也会影响地下空间的开挖。如地下开挖引起的建筑物不均匀沉降,导致建筑物的自重应力分配不均,对支护结构的作用力也随之改变,从而改变整个地下结构的受力状态;或者上部荷载使上覆岩层压密,造成地下结构的顶板破坏。

随着城市化进程的加快,地面建筑的高层化、密集化趋势的日益加剧,对地下空间的影响也越来越大,如高层建筑的基坑深度的增加,势必影响周围地下空间的开发,地下管线密集铺设也将影响地下工程的选址等。如何解决好两者之间的关系,最大限度地开挖地下空间,地表环境是不可忽视的一个因素。

8.2   地下空间开挖与环境的协调

近 20 年来我国经济得到了快速的发展,国力有所增强,人均收入大为提高,在经济上创造了大规模开发城市地下空间的基本条件,发达国家的实践证明,只有在经济发展到一定程度时(一般认为人均产值为 500 美元以上),才具有开发利用地下空间的条件和时机。我国目前大中城市的人均产值已超过 500 美元,因而已经具备开发利用城市地下空间的经济基础条件,因此我国在 21 世纪迎来开发利用城市地下空间的高潮可以说是必然的。

因此,为了实现地下工程开挖与环境的协调应该做到以下几方面:① 经济发展和社会进步;② 生态环境的改善和优化;③ 实现资源的可持续利用;④ 实现经济、社会、人口、资源和环境的协调发展。避免经济→地下空间资源→环境的恶性循环(图 8-2),实现经济→地下空间资源→环境的协调发展(图 8-3)。

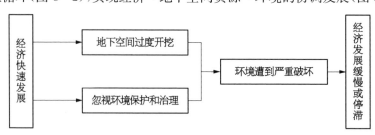

图 8-2 经济→地下空间资源→环境的恶性循环

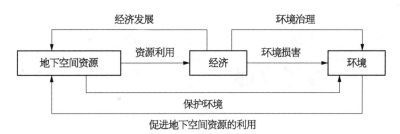

图 8-3　经济→地下空间资源→环境的协调发展

本章分别从地质应力环境损害、岩土体环境损害、地表环境损害角度,定性地分析了城市地下空间开挖容量问题。然而,影响地下空间容量的因素众多,它是一个受地下和地面综合影响的系统量,其评价过程也必然是一个地下、地面环境综合集成和系统分析的复杂过程。

为了对地下空间容量进行更准确的评价,还要做到以下几点:

(1) 容量评价指标体系的构建。基于所定义的地下空间开发利用容量概念,系统分析地下空间容量影响因素。

(2) 容量评价模型的研究。基于已构建的评价指标体系,建立多因素综合评价模型,如洞室的尺寸、埋深、间距、交叉等影响因素。

(3) 容量评价平台的研究。基于三维 GIS 结合城市多源、异质、异构地学空间信息的特点,开发一个可以进行地质体与开挖体一体化建模与可视化表达的评价平台。

(4) 容量评估示范研究。可以选取典型城市或典型城区,基于所建立的评估指标体系、评估标准和评估模型,利用所开发的评估平台进行实例研究与分析。

B ibliography

参考文献

[1] 钱七虎,戎晓力.中国地下工程安全风险管理的现状、问题及相关建议[J].岩石力学与工程学报,2008(4):27.

[2] 朱维申,何满潮.复杂条件下围岩稳定性与岩体动态施工力学[M].北京:科学出版社,1995.

[3] 李术才,朱维申,张玉军.裂隙岩体大型洞室群施工顺序优化研究[J].岩土工程学报,1998(1):1-4.

[4] 王美芹.深埋隧洞外水压力分析与研究[D].南京:河海大学,2004.

[5] 钱七虎.迎接我国城市地下空间开发高潮[J].岩土工程学报,1998,20(1):2.

[6] 王鸷.地下洞室随机有限元分析和可靠度计算[D].西安:西北工业大学,2006.

[7] 姜青舫,陈方正.风险度量原理[M].上海:同济大学出版社,2000.

[8] 邱菀华.管理决策与应用熵学[M].北京:机械工业出版社,2002.

[9] Reilly J J. The management process for complex underground and tunneling projects [J]. Tunn. Undergr. Space Technol. Inc. Trenchless Technol. Res. , 2000, 15(1):31-44.

[10] Reilly J, Brown J. Management and control of cost and risk for tunneling and infrastructure projects [J]. Tunn. Undergr. Space Technol. , 2004, 19(4-5):330.

[11] Wolff T F. Probabilistic slope stability in theory and practice [J]. Geotech. Spec. Publ. , 1996(58):419-433.

[12] Meer J, Looff H D, Glas P. Integrated approach on the safety of dikes along the great dutch lakes [C]. 26th International Conference on Coastal Engineering, 1999.

[13] Shortreed, John. Probabilistic risk and hazard assessment[J]. Can. J. Civ. Eng. , 1995, 22(2): 296.

[14] Sturk R, Olsson L, Johansson J. Risk and decision analysis for large underground projects, as applied to the Stockholm Ring Road tunnels [J]. Tunn. Amp Undergr. Space Technol. , 1996, 11(2): 157 - 164.

[15] Duddeck H. Challenges to tunnelling engineers [J]. Tunn. Amp Undergr. Space Technol. , 1996, 11(1): 5 - 10.

[16] 赵仪娜. 经济评价中概率风险分析的一种新方法[J]. 预测,1998, 17(5): 3.

[17] 金丰年. 围岩稳定及其支护的可靠度分析[D]. 上海:同济大学,1989.

[18] 黄宏伟. 隧道及地下工程建设中的风险管理研究进展[J]. 地下空间与工程学报,2006,2(1): 13 - 20.

[19] 肖明. 地下洞室施工开挖三维动态过程数值模拟分析[J]. 岩土工程学报,2000,22(4): 5.

[20] 陈祖安,Wong R C K. 泥质页岩中水和溶质的轴对称流动[J]. 岩石力学与工程学报,2000(z1): 4.

[21] 陈海军. 巨型地下洞室群围岩稳定性数值分析[D]. 上海:同济大学, 2005.

[22] 冯夏庭,周辉,李邵军,等. 岩石力学与工程综合集成智能反馈分析方法及应用[J]. 岩石力学与工程学报,2007,26(9): 8.

[23] 冯夏庭,杨成祥. 智能岩石力学(2)——参数与模型的智能辨识[J]. 岩石力学与工程学报,1999(3): 350 - 353.

[24] 安红刚,冯夏庭,李邵军. 大型洞室群稳定性与优化的并行进化神经网络有限元方法研究——第一部分:理论模型[J]. 岩石力学与工程学报, 2003,22(5): 706 - 710.

[25] 邓建. 地下岩体工程可靠性分析理论与应用研究[D]. 长沙:中南工业大学,1999.

[26] 黄兴棣. 工程结构可靠性设计[M]. 北京:人民交通出版社,1989.

[27] 罗福午,江见鲸,陈希哲,等. 建筑结构缺陷事故的分析及防治[M]. 北京:清华大学出版社,1996.

[28] 李家康,董攀. 混凝土结构中钢筋腐蚀的分析[J]. 工业建筑,1998,28 (1): 4.

[29] 张倬元,王士庆,王兰生. 工程地质分析原理[M]. 2 版. 北京：地质出版社,1994.

[30] 谢江胜. 岩溶地区大跨度公路隧道动态施工关键技术研究[D]. 上海：同济大学,2007.

[31] 徐志英. 岩石力学[M]. 3 版. 北京：中国水利水电出版社,1981.

[32] 张汝清,詹先义. 非线性有限元分析[M]. 重庆：重庆大学出版社,1990.

[33] Dixit J P, Raju N M. Evaluation of the stability of back-fill faces[J]. Int. J. Rock Mech. Amp Min. Sci. Amp Geomech. Abstr. , 1985, 22 (3)：A91 - A92.

[34] 李胡生,熊文林. 岩石力学参数概率分布的随机-模糊估计方法[J]. 固体力学学报,1993,14(4)：5.

[35] 熊文林,李胡生. 岩石样本力学参数值的随机-模糊处理方法[J]. 岩土工程学报,1992,14(6)：101 - 108.

[36] Thurner R, Schweiger H F. Reliability analysis for geotechnical problems via finite elements — A practical application[J]. Int. Soc. Rock Mech. , 2000.

[37] 杨连生. 水利水电工程地质[M]. 武汉：武汉大学出版社,2004.

[38] 蔡美峰. 岩石力学与工程[M]. 北京：科学出版社,2002.

[39] 黄润秋,王贤能. 深埋隧道工程主要灾害地质问题分析[J]. 水文地质工程地质,1998,25(4)：4.

[40] Isaksson T, Stille H. Model for estimation of time and cost for tunnel projects based on risk evaluation[J]. Rock Mech. Amp Rock Eng. , 2005, 38(5)：373 - 398.

[41] 陈先国. 隧道结构失稳及判据研究[D]. 成都：西南交通大学,2002.

[42] 潘昌实. 隧道力学数值方法[M]. 北京：中国铁道出版社,1995.

[43] 靳晓光,李晓红,亢会明. 高地应力区山岭公路隧道围岩稳定性位移判据探讨//2001 年全国公路隧道学术会议.

[44] 朱维申,孙爱花,王文涛,等. 大型洞室群高边墙位移预测和围岩稳定性判别方法[J]. 岩石力学与工程学报,2007,26(9)：1729 - 1735.

[45] 李世辉,宋军. 变形速率比值判据与猫山隧道工程验证[J]. 中国工程科学,2002,4(6)：85 - 91.

[46] 蔡美峰,孔广亚. 岩体工程系统失稳的能量突变判断准则及其应用[J].

北京科技大学学报,1997(4):19.

[47] 孔广亚.岩体工程系统破坏失稳的能量突变准则[J].有色矿冶,1996,12(3):3.

[48] 许传华,任青文.围岩稳定分析的熵突变准则研究[J].岩土力学,2004(3):102-105.

[49] 苊垆.实用模糊数学[M].北京:科学技术文献出版社,1989.

[50] 王元汉,李启光.岩爆预测的模糊数学综合评判方法[J].岩石力学与工程学报,1998,17(5):9.

[51] 刘端伶,谭国焕,李启光,等.岩石边坡稳定性和Fuzzy综合评判法[J].岩石力学与工程学报,1999,18(2):6.

[52] Mirsky L. Inequalities and existence theorems in the theory of matrices[J]. J. Math. Anal. Appl. ,1964,9(1):99-118.

[53] 唐小丽.模糊网络分析法及其在大型工程项目风险评价中的应用研究[D].南京:南京理工大学,2007.

[54] 肖辞源.工程模糊系统[M].北京:科学出版社,2004.

[55] 冯保成.模糊数学实用集粹[M].北京:中国建筑工业出版社,1991.

[56] Shao, Ruiqing. A multi-level fuzzy synthetic evaluation on investment programs in shipping//Eighth International Conference on Applications of Advanced Technologies in Transportation Engineering (AATTE),2004.

[57] 狄建华.模糊数学理论在建筑安全综合评价中的应用[J].华南理工大学学报(自然科学版),2002,30(7):5.

[58] 许传华,任青文.地下工程围岩稳定性的模糊综合评判法[J].岩石力学与工程学报,2004,23(11):1852-1855.

[59] 赵焕臣.层次分析法——一种简易的新决策方法[M].北京:科学出版社,1986.

[60] 杨为民,李晓静,陈卫忠.琅琊山抽水蓄能电站地下厂房围岩稳定性分析[J].山东交通学院学报,2004,12(1):4.

[61] 王阳雪,吴奎,郝荣国.琅琊山抽水蓄能电站地下厂房洞室支护研究[J].岩石力学与工程学报,2004(z2):4.

[62] 李罡,张翠频,李雷.Visual Basic 6.0中文版编程实例详解[M].北京:电子工业出版社,1999.

［63］　毕建涛. Visual Basic 编程在煤矿大型地面监控系统中的应用［J］. 煤，2002,11(2)：3.

［64］　陈伟珂,黄艳敏. 工程风险与工程保险［M］. 天津：天津大学出版社，2005.

［65］　程光伟. 薛城电站风险分析与保险研究［D］. 成都：西南财经大学,2007.

［66］　涂燕宁. 水电工程投资与效益的风险分析及决策［D］. 武汉：武汉水利电力大学,武汉大学,1998.

［67］　阳军生,刘宝琛. 城市隧道施工引起的地表移动及变形［M］. 北京：中国铁道出版社,2002.

［68］　阳军生,刘宝琛. 城市隧道施工引起的地表移动及变形［M］. 北京：中国铁道出版社,2002.

［69］　中华人民共和国建设部. 建筑地基基础设计规范：GB50007—2002［S］. 北京：中华人民共和国建设部,2002.

［70］　胡炳南,张华兴,申宝宏. 建筑物、水体、铁路及主要井巷煤柱留设与压煤开采规程［M］. 北京：煤炭工业出版社,2017.

［71］　朱维申,李术才,陈卫忠. 节理岩体破坏机理和锚固效应及工程应用［M］. 北京：科学出版社,2002.